前　言

本书是根据《教育部、财政部关于实施国家示范性高等职业院校建设计划，加快高等职业教育改革与发展的意见》（教高[2006]14 号）、《教育部关于全面提高高等职业教育教学质量的若干意见》（教高[2006]16 号）等文件精神，由全国水利水电高职教研会拟定的教材编写规划，在中国水利教育协会指导下，由全国水利水电高职教研会组织编写的建筑类专业规划教材。本套教材以学生能力培养为主线，具有鲜明的时代特点，体现出实用性、实践性、创新性的教材特色，是一套理论联系实际、教学面向生产的高职高专教育精品规划教材。

本书是高职高专院校建筑类专业职业技术基础课的教材，也可供机电、机械类相关专业学生参考；它既为该专业多门后续课程、实训环节奠定识图基础，又能培养学生在生产中利用计算机及相关软件进行高效率绘图，解决实际问题的基本技能；本教程服从、服务于建筑类专业人才培养中专业基础能力、专业专项能力培养要求，其教学目的和任务是通过大量实例讲解及自主练习来介绍绘制建筑工程图的方法与技巧等，培养学生综合运用工程图学的理论和结合实际的建筑工程施工图识读、绘制工程图样的能力，属于一门具有较强实践性的技术基础课程。

本书完全以实例构建教学模块，以 AutoCAD 2008 软件的基本操作、应用技巧为重点，主要培养学生正确应用软件，合理、高效地绘制建筑类施工图的能力。在编写过程中注意以最新设计、施工验收规范和有关绘图标准为依据，推广应用新软件、新技术、新方法，满足建筑类专业及其相关工程领域技术快速发展的需要。

本书编写人员及编写分工如下：辽宁水利职业学院董岚编写第一章、第二章、第六章；重庆水利电力职业技术学院常允艳编写第三章；福建水利电力职业技术学院刘华斌编写第四章；湖南水利水电职业技术学院徐超编写第五章；四川水利职业技术学院曾琳编写第七章；福建水利电力职业技术学院刘华斌、广西水利电力职业技术学院刘中宽编写第八章；黄河水利职业技术学院杭明明编写第九章。本书由刘华斌、董岚担任主编，刘华斌负责全书统稿，由刘中宽、常允艳担任副主编，并由黄河水利职业技术学院曾令宜教授担任主审。

本书编写过程中所存在的缺点、错误和疏漏，恳请广大师生及读者批评指正。

编　者

2010 年 11 月

目　录

第一章　AutoCAD 基础知识

熟悉 AutoCAD 2008 软件的绘图界面和图形文件的管理是应用该软件的基础;熟悉命令的输入方式、命令的执行和终止、对象的选择等操作,能使你尽快地掌握 AutoCAD 2008 软件的操作习惯;通过本章的练习,还要初步认识坐标系统并学会应用,合理地设置绘图单位和图形界限等。本章涉及的知识点看似简单,却很重要,要通过实例操作练习来掌握本章的内容。

第一节　技能要点

(1)学会启动 AutoCAD 2008,并熟悉经典的绘图界面,学会自定义绘图界面、工具栏的调整等。

(2)熟悉 AutoCAD 2008 图形文件的管理:新建文件,打开文件,保存文件。

(3)掌握绘图命令的输入方式:菜单、工具栏、命令行。

(4)掌握对象的三种选择方式(使用拾取框、使用矩形框、使用栏选)。

(5)掌握点的输入方式:鼠标直接拾取、合理利用极轴追踪直接输入距离、合理利用两种坐标(绝对坐标和相对坐标)等。

(6)熟悉样板文件创建及使用。

(7)掌握夹点操作及其应用。

第二节　实训指导

任务一:绘制简单直线

1. 思路分析

先启动 AutoCAD,熟悉工作空间的设置及绘图界面;学会新建文件,进行简单的绘图,并保存文件。

2. 操作步骤

(1)启动 AutoCAD 2008。在电脑桌面上用鼠标双击图标 ,即可启动如图 1-1 所示的绘图界面。

(2)设置工作空间。默认状态下,系统打开的是“二维草图与注释”工作空间;AutoCAD 的老用户还可以通过“工作空间”工具栏 ,将界面切换到 AutoCAD 经典界面。

(3)熟悉 AutoCAD 2008 绘图界面,如图 1-1 所示。

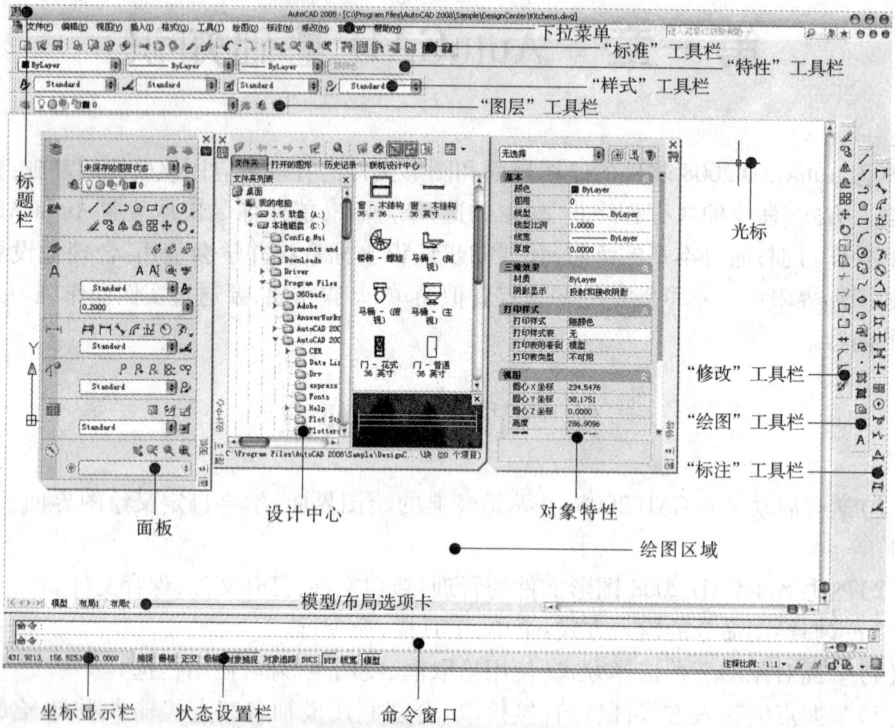

图 1-1　AutoCAD 2008 绘图界面

(4)新建文件。在"文件"菜单中选择"新建"或者直接点击"标准"工具栏上的"新建"按钮,打开"选择样板"对话框。在"名称"列表框中选中 Acadiso. dwt(公制样板)开始新图。

说明:公制样板的绘图范围是 420×297(A3 图幅),英制样板(Acad. dwt)的绘图范围是 12×9。从桌面启动 AutoCAD 时默认使用的是公制样板,我们推荐使用公制样板。

(5)绘制直线。绘制直线常用的操作方法有三种,一是命令行方式,二是菜单方式,三是工具栏方式。

✧命令行方式:在命令窗口的命令行中,输入命令:Line ↙(回车);

✧菜单方式:单击"绘图"下拉菜单中的"直线"选项;

✧工具栏方式:单击"绘图"工具栏中的图标。

启动命令后,命令行提示如下:

命令: Line

指定第一点:(用鼠标在绘图窗口中指定起点 A)

指定下一点或[放弃(U)]:(用鼠标在绘图窗口中指定终点 B)

指定下一点或[放弃(U)]:↙(回车)

(6)保存文件。保存文件的方法是:单击"标准"工具栏中的"保存"按钮或从"文件"下拉菜单中选取"保存"命令。

如果文件是第一次保存的话,会弹出“图形另存为”对话框,用户可以选择文件的保存位置,指定文件夹,输入一个文件名(如:1.1 绘制直线),最后单击“保存”按钮。

文件首次保存后,下次点击“标准”工具栏上的“保存”按钮时将以原文件名及保存位置进行保存,而不再出现“图形另存为” 对话框。如需改名保存,可从“文件”下拉菜单中选取“另存为(A)…”命令。

☆☆☆ 建议大家在作图时要经常点击“标准”工具栏上的“保存”按钮(或按组合键 Ctrl + S),以防止由于各种原因丢失文件。

任务二:打开文件,删除对象后保存文件

1. 思路分析

熟悉打开 AutoCAD 软件的方法,学会选择对象、删除对象,并掌握文件的保存方法。

2. 操作步骤

(1)在 D 盘上建立一个用自己姓名命名的文件夹。

(2)正确启动 AutoCAD 软件。

(3)打开素材库中的“指北针. dwg”文件。

(4)选择所有图线(文字除外),单击“修改”工具栏上的“删除”按钮(或在键盘上按下 Delete 键)删除对象。

(5)将结果保存到用户自己建立的文件夹中,名称为“1.1 指北针. dwg”。

任务三:创建一个简单的样板文件

1. 思路分析

先了解样板文件创建的方法,并学会设置 A4 图幅,缩放视图后保存为样板文件。

2. 操作步骤

(1)启动 AutoCAD,选择 Acadiso. dwt 公制样板文件,新建文件。

(2)设置绘图单位。从“格式”下拉菜单中选取“单位”命令,检查是否符合建筑制图标准并予以改正。

(3)设置图形界限。从“格式”下拉菜单中选取“图形界限”命令。

命令:Limits

重新设置模型空间界限:

指定左下角点或[开(ON)/关(OFF)] <0.0000,0.0000>:↙

指定右上角点 <420.0000,297.0000>:297,210

(4)将图幅最大化,以观察整个图形。

✧菜单方式:从“视图”下拉菜单中选取“缩放”→“全部”命令;

✧命令行方式:在命令行中直接输入 Z↙。

启动命令后，命令行提示如下：

ZOOM

指定窗口的角点，输入比例因子（nX 或 nXP），或者

［全部（A）/中心（C）/动态（D）/范围（E）/上一个（P）/比例（S）/窗口（W）/对象（O）］<实时>：A↙

（5）保存文件。

从“文件”下拉菜单中选取“另存为（A）…”命令，弹出“图形另存为”对话框，在对话框最下方的“文件类型”下拉列表中选择“AutoCAD 图形样板（＊.dwt）”；指定保存位置，以“1.2 A4 图幅.dwt”为文件名保存图形文件；完成样板文件创建，关闭当前窗口退出。

自主练习

（1）文件操作。要求：在 D 盘上建立自己的文件夹，文件夹名称为用户自己的姓名；正确启动 AutoCAD；打开素材库中的文件“徽章.dwg”；将文件中的虚线变成连续线，并将其改名保存到自己的文件夹中，名称为“1.3 徽章.dwg”。

（2）绘制梁的剖面轮廓图，尺寸如图 1-2 所示。以文件名“1.4 梁剖面图.dwg”保存。

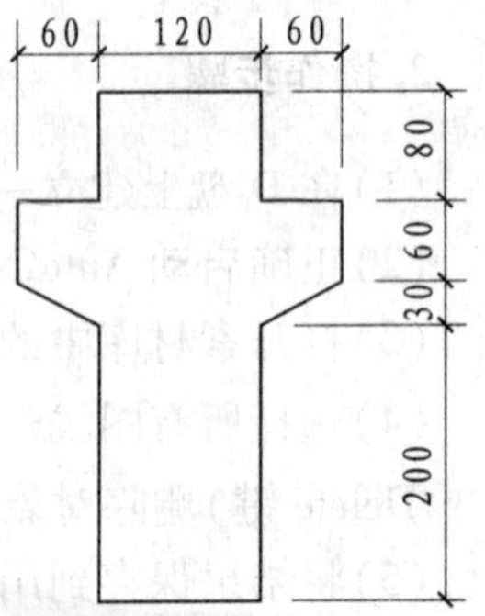

图 1-2　梁的剖面轮廓图

（3）打开素材库中的文件“机械手.dwg”，如图 1-3（a）所示，绘制如图 1-3（b）所示的几何图形。以文件名“1.5 机械手.dwg”保存。

提示：使用夹点操作中的“旋转”→“复制（C）”选项。

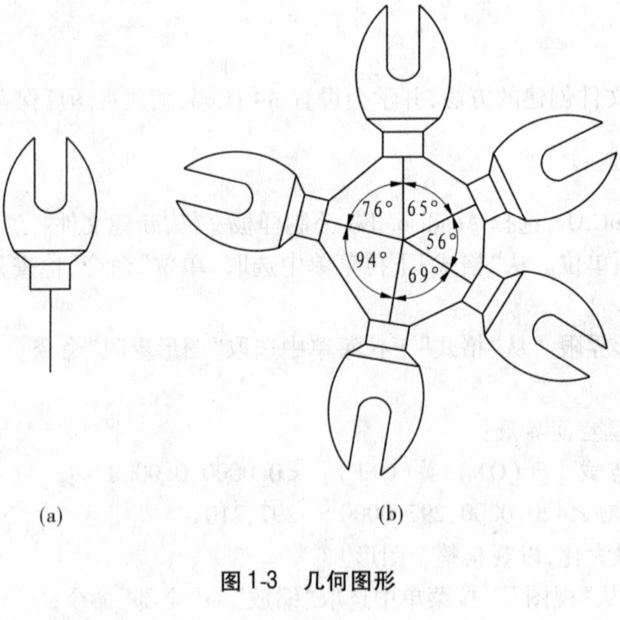

图 1-3　几何图形

第二章　图层和绘图辅助工具

熟悉图层的设置和基本操作,合理地控制图形的显示,可以有效提高绘制、管理图形文件的效率;同时,AutoCAD 2008 软件提供了许多精确绘图工具,使得绘图更为高效和精确。

第一节　技能要点

(1)图层的设置及管理(打开和关闭、冻结和解冻、锁定和解锁、删除等)。
(2)图形显示的控制(平移、实时缩放等)。
(3)掌握精确绘图工具(对象捕捉、极轴追踪等)。

第二节　实训指导

任务一:图层操作

要求:新建文件,图形界限 180×250,左下角坐标为(20,50),栅格间距为 10,栅格捕捉间距(即光标移动间距)为 5,将显示范围设置和图形界限相同;长度单位采用十进制,精度为小数点后 2 位,角度单位采用十进制,精度为 0;新建图层,绘制如图 2-1 所示的图层操作样图。

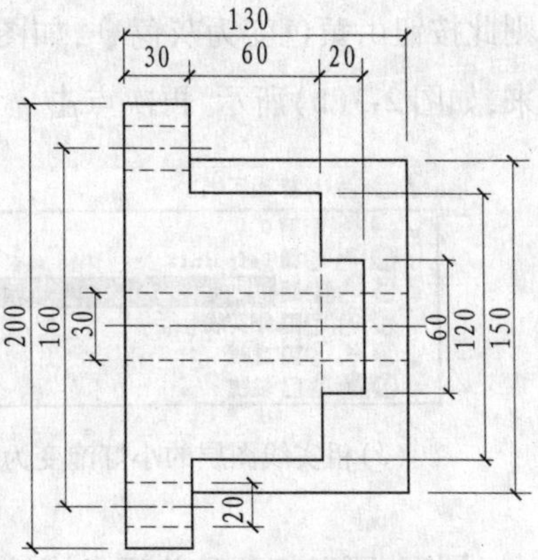

图 2-1　图层操作样图

1. 思路分析

新建文件;进行图形界限和绘图单位的设置;新建图层,并通过图层切换绘制图形;熟悉管理图层(打开和关闭、冻结和解冻、锁定和解锁、删除图层等)的方法。

2. 操作步骤

(1)新建文件,设置图形界限 180×250,左下角坐标为(20,50),栅格间距为 10,栅格捕捉间距(即光标移动间距)为 5,并按下 F7 键启用栅格,将显示范围设置和图形界限相同。

提示:右上角坐标为(180+20=200,250+50=300)。

(2)长度单位采用十进制,精度为小数点后 2 位,角度单位采用十进制,精度为 0。

(3)建立新的图层,如图 2-2 所示。

①粗实线图层:红色,线型为 Continuous,线宽为 0.40 mm。

②虚线图层:绿色,线型为 DASHEDX2,线宽默认。

③轴线图层:黄色,线型为 CENTER,线宽默认。

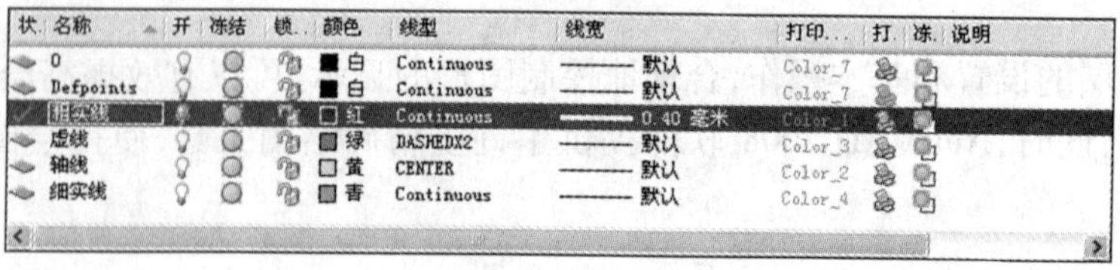

图 2-2　新建图层

(4)绘制图形。

①将图层切换到轴线图层,绘制如图 2-1 所示轴线。

②将图层切换到粗实线图层,绘制如图 2-1 所示粗实线。

③将图层切换到虚线图层,绘制如图 2-1 所示虚线。

提示:线型比例设置为 10,此时轴线和虚线才会正常显示。

(5)保存文件。将完成的图形以“2.1 图层操作题.dwg”为文件名保存到自己的文件夹中。

(6)图层打开和关闭。点击“图层”下拉列表,点击粗实线图层的开关按钮小灯泡,则此按钮由黄色变为灰色,如图 2-3(a)所示,同时粗实线图层中的所有图线被隐藏起来,如图 2-3(b)所示;再次点击,则小灯泡恢复黄色,粗实线重新显示。

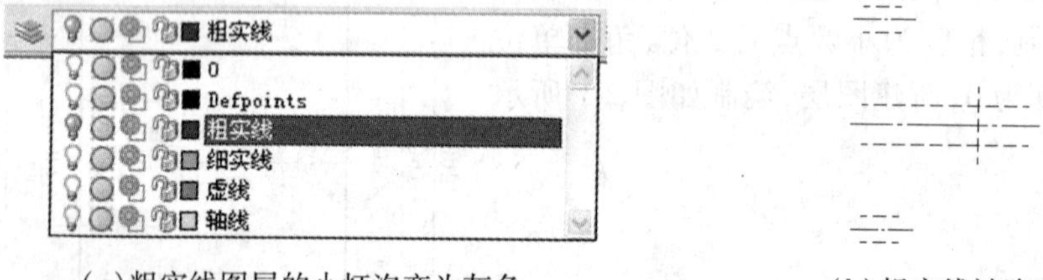

(a)粗实线图层的小灯泡变为灰色　　(b)粗实线被隐藏

图 2-3　关闭粗实线图层

同理,可以打开和关闭虚线、轴线图层,隐藏和恢复虚线、轴线图层上的所有图线,如图 2-4、图 2-5 所示。

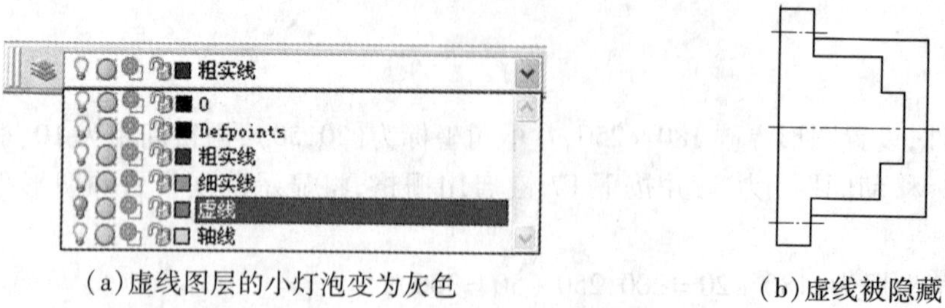

(a)虚线图层的小灯泡变为灰色　　(b)虚线被隐藏

图 2-4　关闭虚线图层

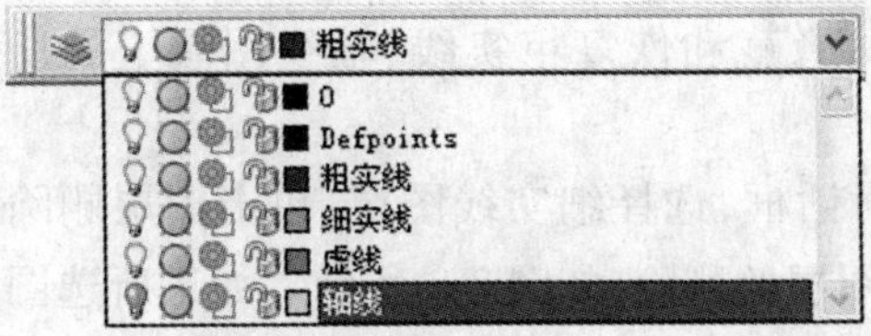

(a)轴线图层的小灯泡变为灰色

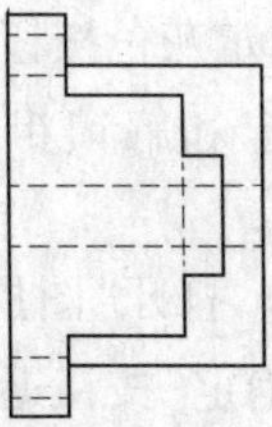

(b)轴线被隐藏

图 2-5　关闭轴线图层

(7)图层冻结和解冻。点击图层下拉列表,点击虚线图层的冻结按钮,则此按钮由黄色变为灰色,如图 2-6(a)所示,同时虚线图层中的所有图线被隐藏起来,如图 2-6(b)所示;再次点击,则按钮恢复黄色,虚线重新显示。

同理,可以冻结和解冻粗实线、轴线图层,隐藏和恢复粗实线、轴线图层上的所有图线。

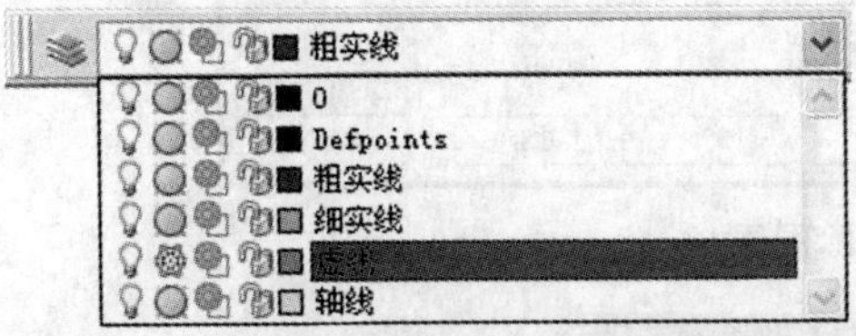

(a)虚线图层的冻结按钮变为灰色

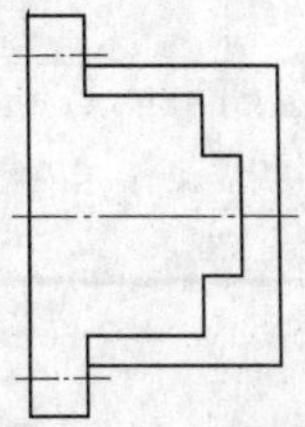

(b)虚线被隐藏

图 2-6　冻结虚线图层

(8)图层锁定和解锁。

①锁定图层。点击"图层"下拉列表,点击虚线图层的锁定按钮,则此按钮由黄色变为灰色,虚线图层中的所有图线被锁定且不能够被编辑;将光标移动到虚线上,在光标的右上方会出现锁定图标,如图 2-7(a)所示。

②删除对象。全选图线(可按下 Ctrl + A 键),如图 2-7(b)所示;按下 Delete 键,除被锁定的虚线图层外的所有图线被删除,如图 2-7(c)所示。

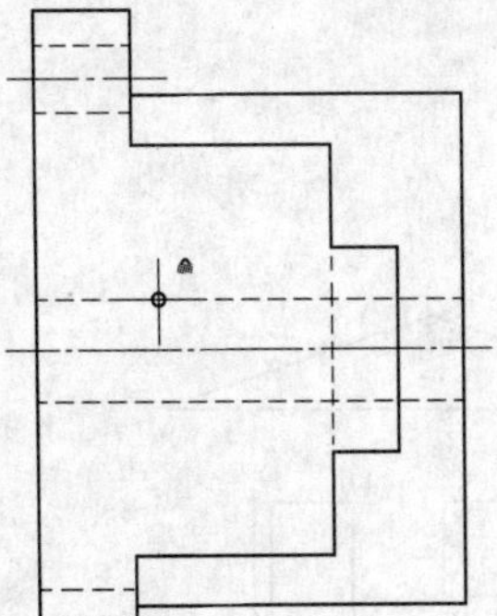

(a)虚线图层锁定

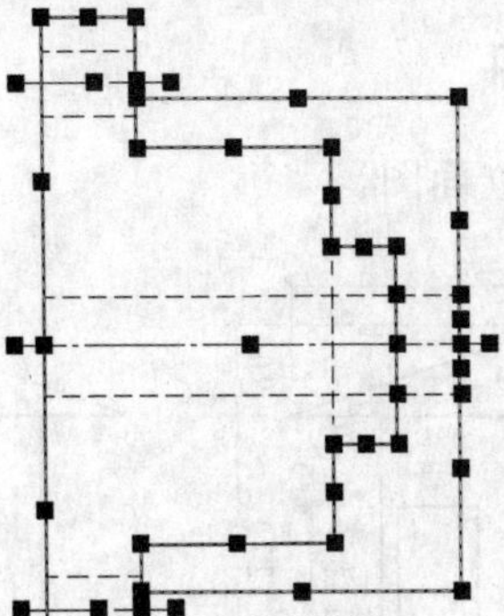

(b)选择对象

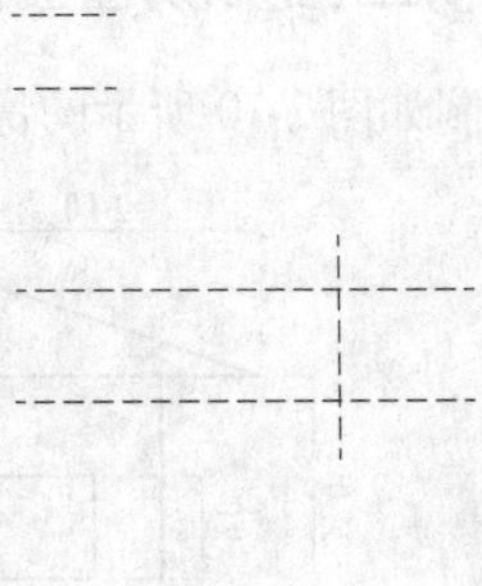

(c)删除对象

图 2-7　锁定虚线图层

③再次点击锁定灰色按钮，则按钮恢复黄色，虚线图层解锁。

同理，可以锁定和解锁粗实线、轴线图层，隐藏和恢复粗实线、轴线图层上的所有图线。

(9)删除图层。打开“图层特性管理器”对话框，选择细实线图层，单击图层删除按钮，然后按下“确定”按钮退出，完成细实线图层的删除，如图2-8所示。如果所选图层不能够删除，在单击按钮后会出现如图2-9所示的提示框。

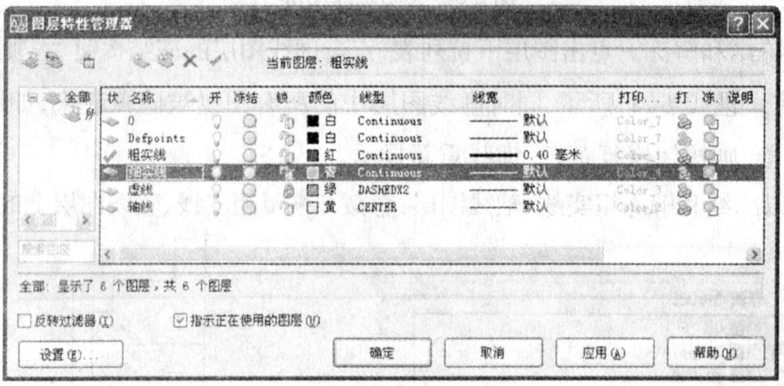

图2-8　删除图层

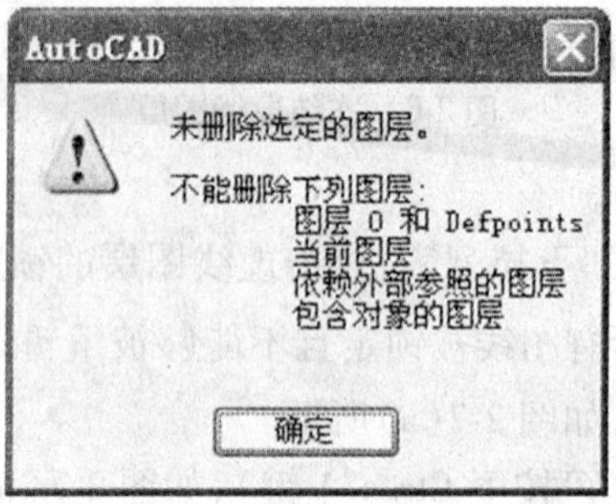

图2-9　未能删除图层提示

任务二：绘制房屋立面图

绘制如图2-10所示的房屋立面图。

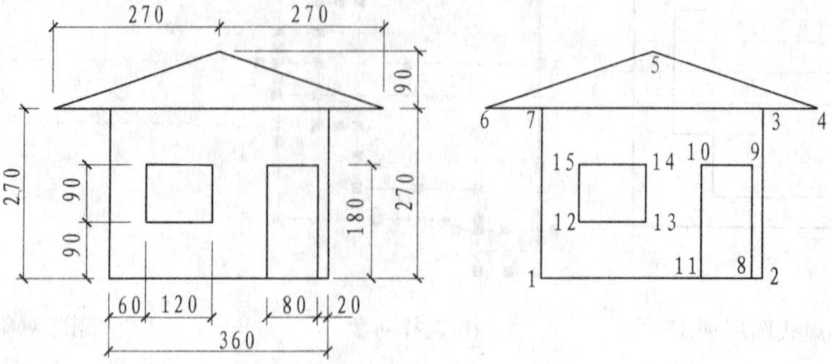

图2-10　房屋立面图

1. 思路分析

绘制图示房屋立面图;学会样板文件的使用;掌握合理的点的输入方法,包括输入相对坐标确定点、通过极轴与追踪配合并输入距离确定点、对象捕捉确定点、利用“捕捉自”确定点等。

2. 操作步骤

(1)启动 AutoCAD,选择 Acadiso. dwt 公制样板文件,新建文件,绘制如图 2-10 所示的图形。

(2)从 1 点开始,依次输入各点绘制直线完成图形。操作步骤如下:

①绘制房屋立面图的轮廓。

命令:Line

指定第一点:(在绘图窗口的下方指定 1 点)

指定下一点或[放弃(U)]:<极轴 开> 360 (0°极轴追踪,输入距离 360,确定 2 点)

指定下一点或[放弃(U)]:270(90°极轴追踪,输入距离 270,确定 3 点)

指定下一点或[闭合(C)/放弃(U)]:90(0°极轴追踪,输入距离 90,确定 4 点)

指定下一点或[闭合(C)/放弃(U)]:@ -270,90(输入相对坐标,确定 5 点)

指定下一点或[闭合(C)/放弃(U)]:@ -270, -90(输入相对坐标,确定 6 点)

指定下一点或[闭合(C)/放弃(U)]:90(0°极轴追踪,输入距离 90,确定 7 点)

指定下一点或[闭合(C)/放弃(U)]:C(直线闭合)

②绘制直线 73。

注意:可直接按回车键或空格键,重复上一个使用的“直线”命令。

命令:Line

指定第一点:<对象捕捉 开>(打开对象捕捉,确认端点和垂足捕捉已设置)

指定下一点或[放弃(U)]:(捕捉端点 7)

指定下一点或[放弃(U)]:(捕捉端点 3)

③绘制房屋的门。

命令:Line

指定第一点:fro(输入 fro,利用“捕捉自”确定点)

基点:(捕捉 2 点作为基点)

<偏移>:@ -20,0(输入 8 点相对于 2 点的偏移量[Δx = -20,Δy =0],得到 8 点)

指定下一点或[放弃(U)]:180(90°极轴追踪,输入距离 180,确定 9 点)

指定下一点或[放弃(U)]:80(180°极轴追踪,输入距离 80,确定 10 点)

指定下一点或[闭合(C)/放弃(U)]:(在直线 12 上捕捉垂足,确定 11 点)

④绘制房屋的窗户。

命令:Line

指定第一点：fro（输入 fro，利用“捕捉自”确定点）

基点：（捕捉 1 点作为基点）

<偏移>：@60，90（输入 12 点相对于 1 点的偏移量[Δx = 60，Δy = 90]，得到 12 点）

指定下一点或［放弃(U)］：120（0°极轴追踪，输入距离 120，确定 13 点）

指定下一点或［放弃(U)］：90（90°极轴追踪，输入距离 90，确定 14 点）

指定下一点或［闭合(C)/放弃(U)］：120（180°极轴追踪，输入距离 120，确定 15 点）

指定下一点或［闭合(C)/放弃(U)］：C（直线闭合）

（3）以“2.2 房屋立面图.dwg”为文件名保存图形文件。

任务三：几个常用键的操作练习

1. 思路分析

（1）空格键。在 AutoCAD 绘图中，空格键扮演着非常重要的角色。除文字输入外，空格键与回车键等效，可以用空格键代替回车键。在绘图过程中，用户左手控制键盘，右手操作鼠标，需要回车确认时可以使用左手的大拇指敲击空格键，以提高绘图效率。另外，在“命令：”提示符下按空格键，表示重复执行上一个命令。

空格键的操作在任务二的步骤中已经进行。

（2）Esc 键。主要用于终止命令的执行、取消选择。绘图过程中一个命令没有执行完而想退出时，按 Esc 键即可。

（3）Delete 键。常用来删除对象，与 Erase 命令等效。

（4）方向键。在命令行中，按“↑”可以向前翻看并调用之前使用过的 AutoCAD 命令，按“↓”可以向后翻看并调用 AutoCAD 命令。

（5）鼠标中键（滚轮）。主要用于视图的缩放和平移操作。

①按住中键移动鼠标：实现视图的平移，与等效。

②中键双击：使图形充满绘图窗口显示，等效于输入“Zoom ↙，E ↙”。

③中键滚动：实时缩放视图。向前滚动放大视图，向后滚动缩小视图，与等效。

（6）Shift 键或 Ctrl 键 + 鼠标右键。弹出对象捕捉快捷菜单。

（7）F1 键。打开帮助文件，及时解决学习和使用过程中碰到的各种问题。

2. 操作步骤

（1）打开文件。打开任务二创建的“2.2 房屋立面图.dwg”。

（2）选择对象。移动鼠标指定选择框角点 1，拖动鼠标指定另一个角点 2，如图 2-11(a)所示；包含在选择框内的门和窗被选中，被选直线高亮显示，如图 2-11(b)所示。

（3）取消选择。按 Esc 键即可取消选中状态，如图 2-11(c)所示。

（4）删除对象。如图 2-11(b)所示选择对象后，若按下 Delete 键，则删除被选对象。

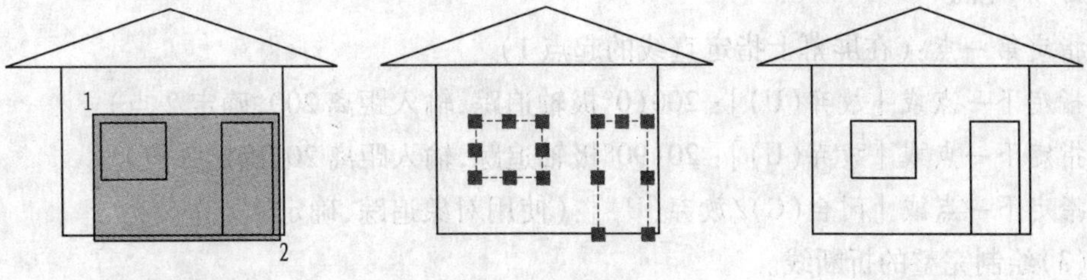

图 2-11　对象的选择与取消操作

(5)视图缩放。将光标移动到房屋中间,将鼠标中键向前滚动,注意观察视图情况,此时视图被放大;将鼠标中键向后滚动,注意观察视图情况,此时视图被缩小;连续点击鼠标中键两次,注意观察视图情况,此时房屋立面图被最大化显示在当前绘图窗口中。

任务四:绘制折断线

绘制如图 2-12 所示的折断线。

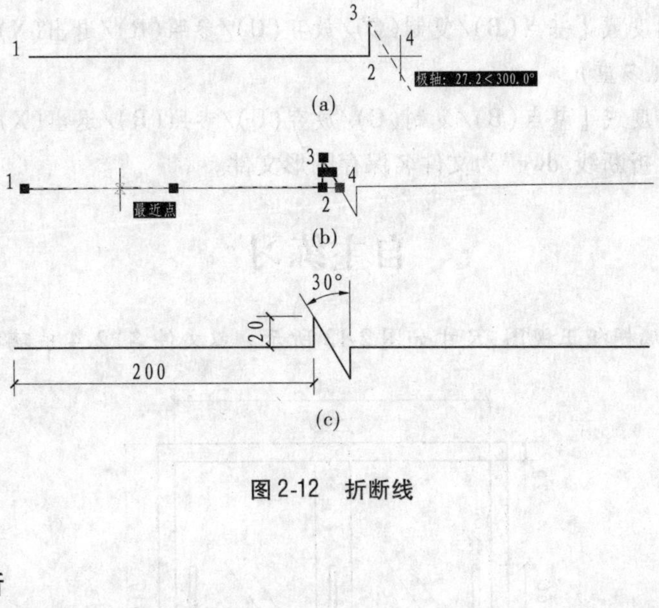

图 2-12　折断线

1. 思路分析

绘制图示折断线;在直线绘制过程中,熟练应用点的输入方法,特别是极轴追踪的使用;掌握用夹点操作(旋转复制)来绘制图形。

2. 操作步骤

(1)启动 AutoCAD,选择 Acadiso. dwt 公制样板文件,新建文件,绘制如图 2-12(c)所示的图形。

(2)绘制折断线的一半,如图 2-12(a)所示。

命令：Line
指定第一点：(在屏幕上指定直线的起点 1)
指定下一点或［放弃(U)］：200(0°极轴追踪，输入距离 200，确定 2 点)
指定下一点或［放弃(U)］：20(90°极轴追踪，输入距离 20，确定 3 点)
指定下一点或［闭合(C)/放弃(U)］：(使用对象追踪，确定 4 点)
(3)绘制完整的折断线。
命令：指定对角点：
(选择已经绘制好的图线，如图 2-12(b)所示；同时点击 4 点，将其激活)
命令：
＊＊ 拉伸 ＊＊
指定拉伸点或［基点(B)/复制(C)/放弃(U)/退出(X)］：_rotate
(在夹点 4 上单击右键，在弹出的快捷菜单中选择“旋转”选项)
＊＊ 旋转 ＊＊
指定旋转角度或［基点(B)/复制(C)/放弃(U)/参照(R)/退出(X)］：C
＊＊ 旋转 (多重) ＊＊(选择“C”选项，进行旋转复制操作)
指定旋转角度或［基点(B)/复制(C)/放弃(U)/参照(R)/退出(X)］：-180
＊＊ 旋转 (多重) ＊＊
指定旋转角度或［基点(B)/复制(C)/放弃(U)/参照(R)/退出(X)］：↙
(4)以“2.3 折断线.dwg”为文件名保存图形文件。

自主练习

(1)绘制玻璃橱柜正视图，尺寸如图 2-13 所示。以文件名“2.4 玻璃柜.dwg”保存。

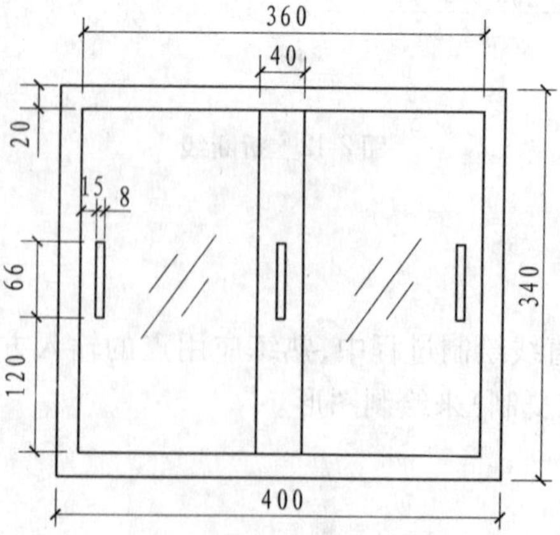

图 2-13　玻璃橱柜正视图

(2)绘制如图2-14所示的三视图。要求:建立粗实线和虚线两个图层,其中,虚线线型为DASH(线型比例设置为0.5),颜色为黄色;粗实线线宽为0.4 mm,颜色为红色。以文件名“2.5 三视图.dwg”保存。

提示:使用极轴追踪来实现各视图之间的对应关系。

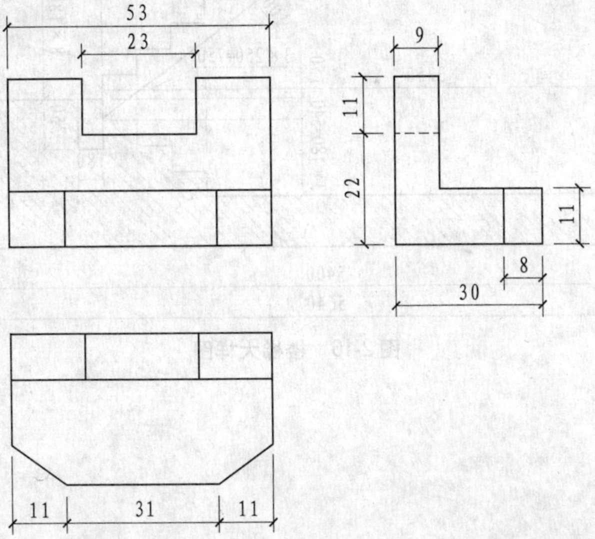

图2-14　三视图

(3)绘制如图2-15所示的基础大样图和如图2-16所示的楼梯大样图(不填充)。

要求:

①建立合适的模型空间,图形必须放置在模型空间范围之内。

②建立粗实线、细实线和填充三个图层,其中,细实线的线型为连续线,线宽为0.09 mm,颜色为黄色,用于绘制折断线;粗实线的线型为连续线,线宽为0.5 mm,颜色为红色,用于绘制轮廓线;填充图层的线型为连续线,线宽为0.09 mm,颜色为绿色,用于图形基础填充。

③在相应的图层上绘制两个大样图的轮廓线、折断线。

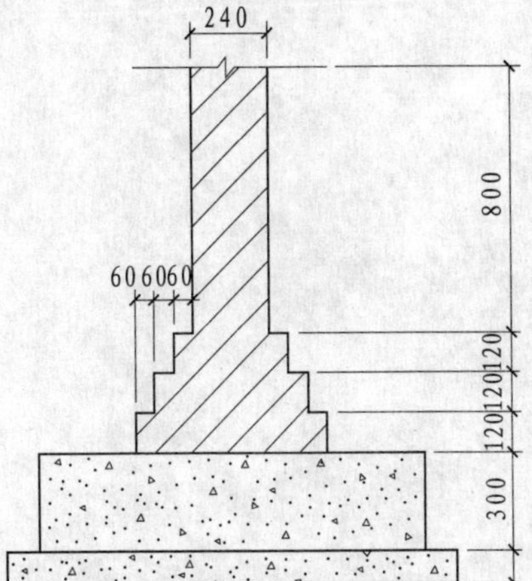

图2-15　基础大样图

④将完成的图形分别以“2.6 基础大样图.dwg”、“2.7 楼梯大样图.dwg”的文件名保存到用户自己的文件夹中。

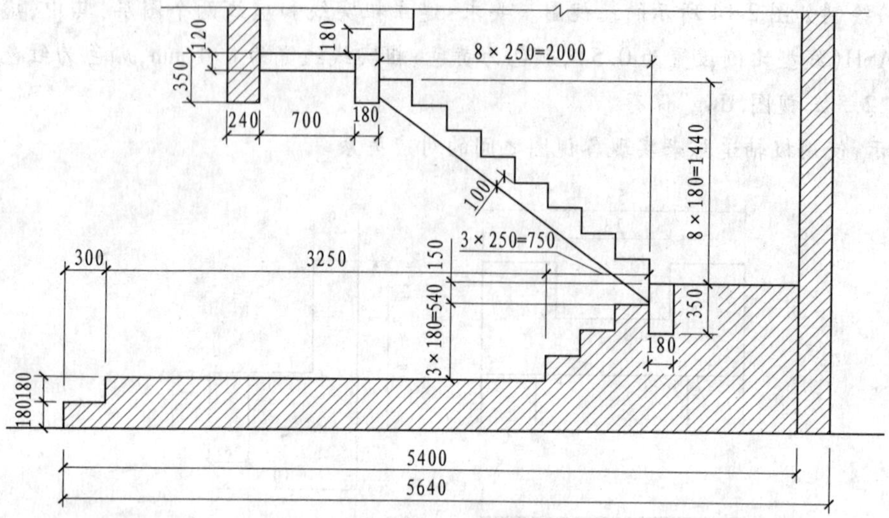
120
350
180
8 × 250=2000
240
700
180
100
8 × 180=1440
300
3250
3 × 250=750
150
3 × 180=540
350
180
180180
5400
5640

图 2-16　楼梯大样图

第三章　二维图形的绘制

任何复杂的图形都是由简单的点、线、面组成的，AutoCAD 2008 提供了多个绘图命令来绘制基本图形，要想准确快速地绘制工程图，就要熟练地掌握各种绘图命令的功能和操作技巧。

常用的二维图形的基本绘图命令都在如图 3-1 所示的“绘图”工具栏中。用户也可以通过选择“绘图”菜单中相关的命令来对图形进行绘制。

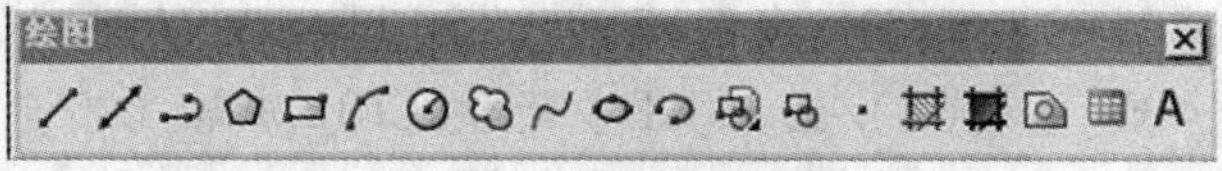

图 3-1　“绘图”工具栏

第一节　技能要点

(1)掌握 AutoCAD 2008 的常用绘图命令，如直线、射线、多段线、多线、多边形以及样条曲线、圆、圆弧、椭圆等。

(2)掌握点的样式设置和绘制点命令，以及定数等分、定距等分。

(3)掌握图案填充及修改。

(4)掌握基本图形的绘制技巧、思想与方法。

第二节　实训指导

任务一：基本图形的绘制

1. 基本图形 1(如图 3-2 所示)

1)思路分析

该图的元素包括圆和圆弧。圆弧的绘制除可以使用“圆弧(Arc)”命令外，还可以使用“多段线(Pline)”命令。本例使用“圆(Circle)”命令绘制圆 ϕ 100 和 ϕ 20，使用“多段线(Pline)”命令绘制两段圆弧 R25。

2)操作步骤

(1)绘制大圆 ϕ 100。

命令：Circle

指定圆的圆心或［三点(3P)/两点(2P)/相切、相切、半径(T)］：(在屏幕上适当位置点击确定圆心)

指定圆的半径或［直径(D)］: 50(输入半径50,完成圆φ100 的绘制)

(2)绘制圆弧段 ACE。

命令: Pline

指定起点:(确定圆φ100 最左象限点 A 作为起点)

当前线宽为 0.0

指定下一点或［圆弧(A)/半宽(H)/长度(L)/放弃(U)/宽度(W)］: A(选择“圆弧”选项)

指定圆弧的端点或[角度(A)/圆心(CE)/方向(D)/半宽(H)/直线(L)/半径(R)/第二个点(S)/放弃(U)/宽度(W)]: A(选择“角度”选项)

指定包含角: -180(输入圆弧 AC 的包含角)

指定圆弧的端点或[圆心(CE)/半径(R)]:(指定圆φ100 的圆心 C 作为圆弧端点)

指定圆弧的端点或[角度(A)/圆心(CE)/闭合(CL)/方向(D)/半宽(H)/直线(L)/半径(R)/第二个点(S)/放弃(U)/宽度(W)]:(指定圆φ100 的最右象限点 E 作为圆弧端点)

指定圆弧的端点或[角度(A)/圆心(CE)/闭合(CL)/方向(D)/半宽(H)/直线(L)/半径(R)/第二个点(S)/放弃(U)/宽度(W)]: ↙

(3)绘制小圆φ20。

分别捕捉圆弧 AC、CE 的圆心 B 点和 D 点为小圆φ20 的圆心,输入半径 10,绘制如图 3-2所示的两个小圆。

(4)填充图案。

启动“填充(Hatch)”命令,选择如图 3-2 所示的填充区域,选择填充图案为“SOLID”,完成“基本图形 1”的绘制。

(5)将完成的图形以“3.1 太极图案.dwg”的文件名保存到用户自己的文件夹中。

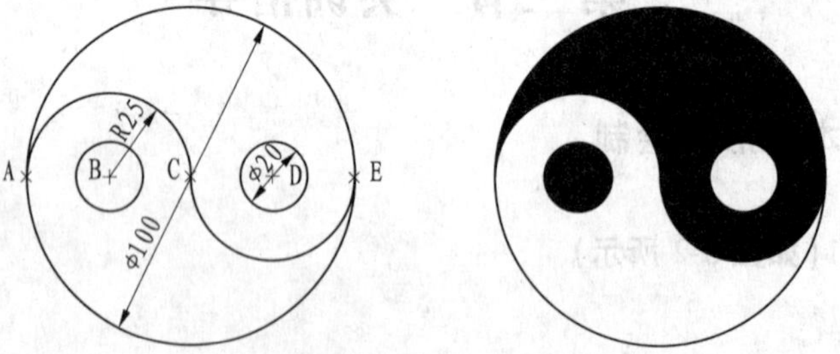

图 3-2 基本图形 1

2. 基本图形 2(如图 3-3 所示)

1)思路分析

该图包含正多边形(分别为正方形和正五边形)和圆两种元素。正方形的绘制可以使用“矩形(Rectang)”命令,也可以使用“多边形(Polygon)”命令。这里使用“矩形(Rectang)”命令绘制正方形 ABCD,使用“圆(Circle)”命令的“三点(3P)”方式画圆,最后使用“多边形(Polygon)”命令绘制正五边形。

2)操作步骤

(1)绘制正方形。点击“绘图”工具栏上的按钮。

命令:Rectang

指定第一个角点或［倒角(C)/标高(E)/圆角(F)/厚度(T)/宽度(W)］:(在屏幕上适当位置单击一点)

指定另一个角点或［面积(A)/尺寸(D)/旋转(R)］: D(选择“尺寸”选项)

指定矩形的长度 <10.0000>: 100

指定矩形的宽度 <10.0000>: 100

指定另一个角点或［面积(A)/尺寸(D)/旋转(R)］: ↙

(2)绘制圆。点击“绘图”工具栏上的按钮。

命令: Circle

指定圆的圆心或［三点(3P)/两点(2P)/相切、相切、半径(T)］: 3P(选择三点画圆方式)

指定圆上的第一个点:(选取A点)

指定圆上的第二个点:(选取B点)

指定圆上的第三个点:(选取C点)

(3)绘制正五边形。点击“绘图”工具栏上的按钮。

命令: Polygon

输入边的数目 <4>: 5

指定正多边形的中心点或［边(E)］:(选取圆心E点)

输入选项［内接于圆(I)/外切于圆(C)］ <I>: C(选择“外切于圆”方式)

指定圆的半径:(点击圆的最下边的象限点F)

(4)将完成的图形以“3.2 基本图形2. dwg”的文件名保存到用户自己的文件夹中。

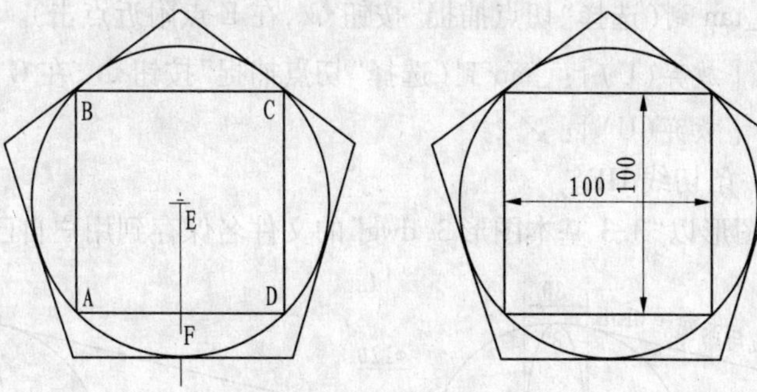

图3-3　基本图形2

3. 基本图形3(如图3-4所示)

1)思路分析

使用“圆环(Donut)”命令绘制圆环,使用“圆(Circle)”命令绘制圆φ120,使用“椭圆(Ellipse)”命令绘制两个椭圆,使用“临时捕捉切点”来绘制两条切线。

2)操作步骤

(1)绘制圆环。在“绘图”下拉菜单中选择“圆环”命令。

命令:Donut

指定圆环的内径 <0.5000>: 30

指定圆环的外径 <1.0000>: 50

指定圆环的中心点或 <退出>:(点击屏幕上一点确定圆环位置)

指定圆环的中心点或 <退出>:↙

(2)绘制圆φ120。点击“绘图”工具栏上的按钮。

命令: Circle

指定圆的圆心或[三点(3P)/两点(2P)/相切、相切、半径(T)]: 155(从圆环的圆心0°极轴追踪,输入距离155,定位圆心位置)

指定圆的半径或[直径(D)] <60.0>: 60

(3)绘制椭圆。点击“绘图”工具栏上的按钮。

命令: Ellipse

指定椭圆的轴端点或[圆弧(A)/中心点(C)]:(选取圆的最左象限点A)

指定轴的另一个端点:(选取圆的最右象限点C)

指定另一条半轴长度或[旋转(R)]: 15

命令:Ellipse

指定椭圆的轴端点或[圆弧(A)/中心点(C)]:(选取圆的最上象限点B)

指定轴的另一个端点:(选取圆的最下象限点D)

指定另一条半轴长度或[旋转(R)]: 15

(4)绘制切线GE、HF。打开“对象捕捉”工具栏,启动“直线(Line)”命令。

命令:Line

指定第一点: _tan 到(选择“切点捕捉”按钮,在E点附近点击)

指定下一点或[放弃(U)]: _tan 到(选择“切点捕捉”按钮,在G点附近点击)

指定下一点或[放弃(U)]:↙

同理,绘制另一条切线HF。

(5)将完成的图形以“3.3 基本图形3.dwg”的文件名保存到用户自己的文件夹中。

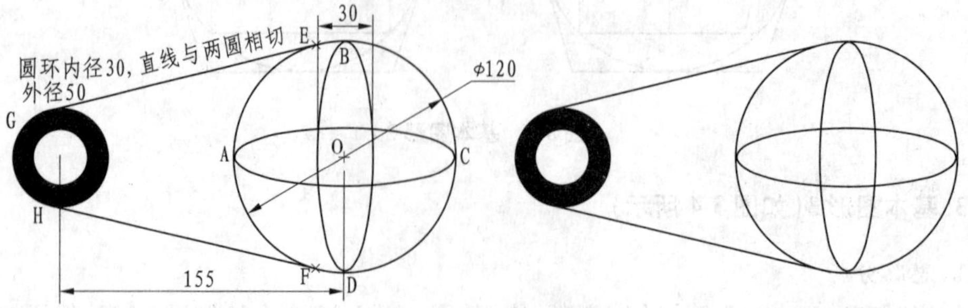

图3-4 基本图形3

任务二：绘制篮球场平面图（不标注）

1. 思路分析

如图 3-5（b）所示的篮球场平面图，图形左右对称，可先绘制左半部分，如图 3-5（a）所示；再通过“镜像”（Mirror）命令完成球场的另一半。三分线既有直线又有圆弧，可通过“多段线（Pline）”命令绘制；利用“矩形（Rectang）”、“圆（Circle）”、“直线（Line）”命令完成其他图形的绘制。

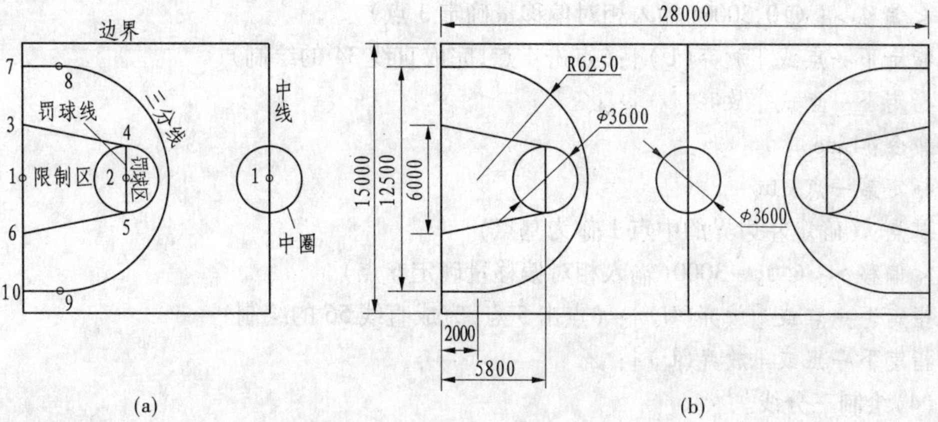

图 3-5　篮球场平面图

2. 操作步骤

（1）设置图形界限为 30000×20000，双击鼠标中键，将视图缩放到最大。

（2）绘制界线的一半（矩形 14000×15000）。

在“绘图”工具栏上点击按钮，启动“矩形”命令，输入长和宽来绘制矩形。

命令：Rectang

指定第一个角点或［倒角（C）/标高（E）/圆角（F）/厚度（T）/宽度（W）］：（在屏幕的左上方指定一点）

指定另一个角点或［面积（A）/尺寸（D）/旋转（R）］：D（选择“D”选项，输入矩形的长和宽来绘制矩形）

指定矩形的长度 <10.0>：14000（输入矩形的长度）

指定矩形的宽度 <10.0>：15000（输入矩形的宽度）

（3）绘制罚球线 45、罚球区及限制区（矩形 1400×1500）。

命令：Circle

指定圆的圆心或［三点（3P）/两点（2P）/相切、相切、半径（T）］：fro

基点：（确定左边界的中点 1 作为基点）

<偏移>：@5800,0（输入相对偏移量确定圆心 2 点）

指定圆的半径或［直径(D)］<172.6>: 1800(输入半径绘制罚球弧)

命令:Line

指定第一点:(绘制罚球线)

指定下一点或［放弃(U)］:(点击罚球弧的上象限点4)

指定下一点或［放弃(U)］:(点击罚球弧的下象限点5)

命令:Line

指定第一点: fro

基点:(确定左边界的中点1作为基点)

<偏移>: @0,3000(输入相对偏移量确定3点)

指定下一点或［放弃(U)］:(点击4点,完成直线34的绘制)

指定下一点或［放弃(U)］: ↙

命令: Line

指定第一点: fro

基点:(确定左边界的中点1作为基点)

<偏移>: @0, -3000(输入相对偏移量确定6点)

指定下一点或［放弃(U)］:(点击5点,完成直线56的绘制)

指定下一点或［放弃(U)］: ↙

(4)绘制三分线。

命令: Pline

指定起点: fro

基点:(确定左边界的中点1作为基点)

<偏移>: @0,6250(输入相对偏移量确定7点)

当前线宽为0.0

指定下一点或［圆弧(A)/半宽(H)/长度(L)/放弃(U)/宽度(W)］: 2000(0°极轴追踪,输入距离2000,确定8点)

指定下一点或［圆弧(A)/闭合(C)/半宽(H)/长度(L)/放弃(U)/宽度(W)］: A(选择"A"选项,绘制圆弧)

指定圆弧的端点或［角度(A)/圆心(CE)/闭合(CL)/方向(D)/半宽(H)/直线(L)/半径(R)/第二个点(S)/放弃(U)/宽度(W)］: 12500(270°极轴追踪,输入直径12500,确定圆弧的另一个端点9)

指定圆弧的端点或［角度(A)/圆心(CE)/闭合(CL)/方向(D)/半宽(H)/直线(L)/半径(R)/第二个点(S)/放弃(U)/宽度(W)］: L(选择"L"选项,绘制直线)

指定下一点或［圆弧(A)/闭合(C)/半宽(H)/长度(L)/放弃(U)/宽度(W)］:(垂足捕捉,点击10点,完成直线910的绘制)

指定下一点或［圆弧(A)/闭合(C)/半宽(H)/长度(L)/放弃(U)/宽度(W)］: ↙

(5)绘制中圈。

命令: Circle

指定圆的圆心或［三点(3P)/两点(2P)/相切、相切、半径(T)］:(点击中线上的中点1作为圆心)

指定圆的半径或［直径(D)］<1800.0>:1800(输入半径1800)

(6)绘制球场的另一半。

命令:Mirror

选择对象:指定对角点:找到10个(选择已经绘制好的所有图线)

选择对象:指定镜像线的第一点:(点击中线最上边的端点)

指定镜像线的第二点:(点击中线最下边的端点)

要删除源对象吗?［是(Y)/否(N)］<N>:↙

(7)将完成的图形以"3.4篮球场.dwg"的文件名保存到用户自己的文件夹中。

任务三:绘制房屋平面图(不标注)

1.思路分析

绘制如图3-6所示的房屋平面图,绘图顺序如下:绘制轴网→绘制墙体→编辑墙体→绘制门窗。其中,轴网的绘制借助极轴追踪来完成;定义多线样式(Mlstyle),并用"多线(Mline)"命令和"多线编辑(Mledit)"命令来完成墙体的绘制;同样,通过定义多线样式(4线)并用"多线(Mline)"命令来绘制窗户C1;门可以用"圆(Circle)"和"直线(Line)"、"矩形(Rectang)"命令绘制。

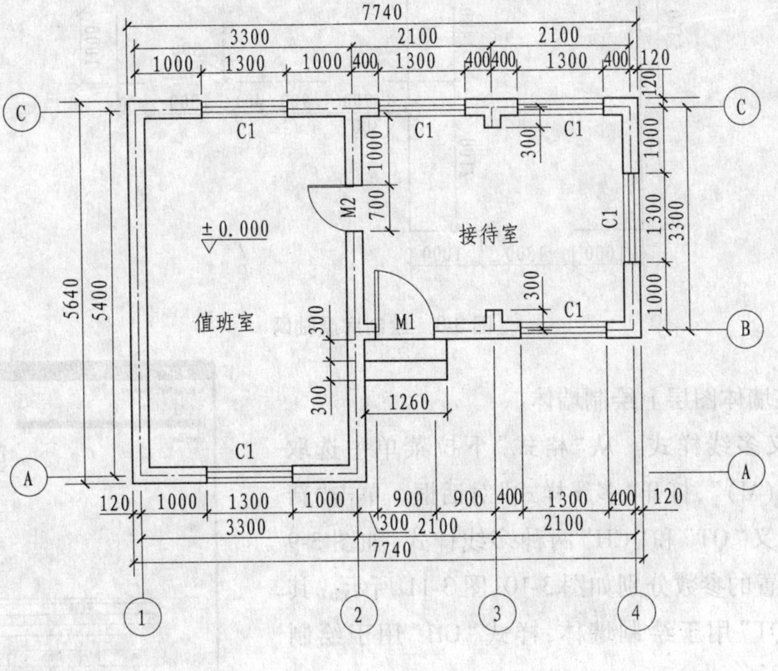

图3-6 房屋平面图

2. 操作步骤

(1)设置图形界限为12000×10000,双击鼠标中键,将视图缩放到最大。

(2)建立如图3-7所示的图层。

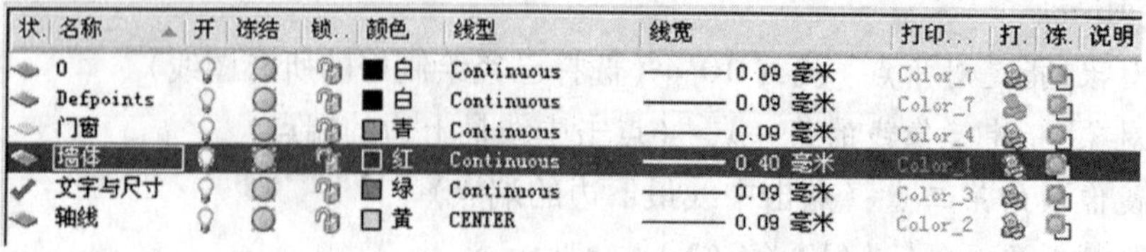

状.	名称	开	冻结	锁..	颜色	线型	线宽	打印...	打.	冻.	说明
	0				白	Continuous	0.09 毫米	Color_7			
	Defpoints				白	Continuous	0.09 毫米	Color_7			
	门窗				青	Continuous	0.09 毫米	Color_4			
	墙体				红	Continuous	0.40 毫米	Color_1			
✓	文字与尺寸				绿	Continuous	0.09 毫米	Color_3			
	轴线				黄	CENTER	0.09 毫米	Color_2			

图3-7　图层设置

(3)在轴线图层上绘制如图3-8所示的轴网。

启动"直线(Line)"命令,利用极轴追踪与对象捕捉等辅助工具,根据图3-8所示绘制轴网。

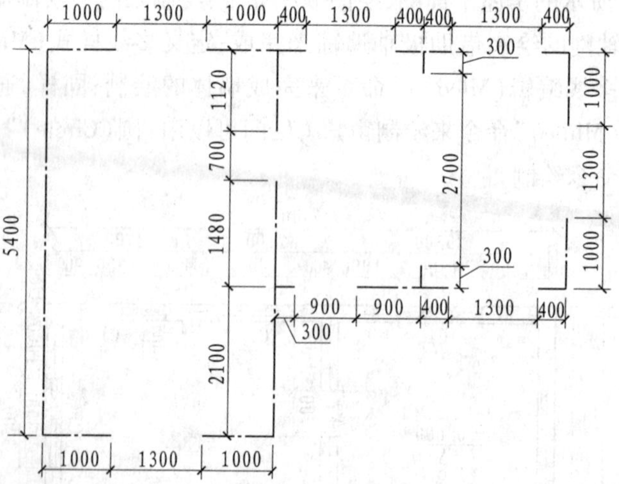

图3-8　绘制房屋轴网

(4)在墙体图层上绘制墙体。

①定义多线样式。从"格式"下拉菜单中选取"多线样式(M)",打开"多线样式"对话框。单击"新建"按钮定义"QT"和"CH"两种多线样式,如图3-9所示;所配置的参数分别如图3-10、图3-11所示。其中,样式"QT"用于绘制墙体,样式"CH"用于绘制窗户。

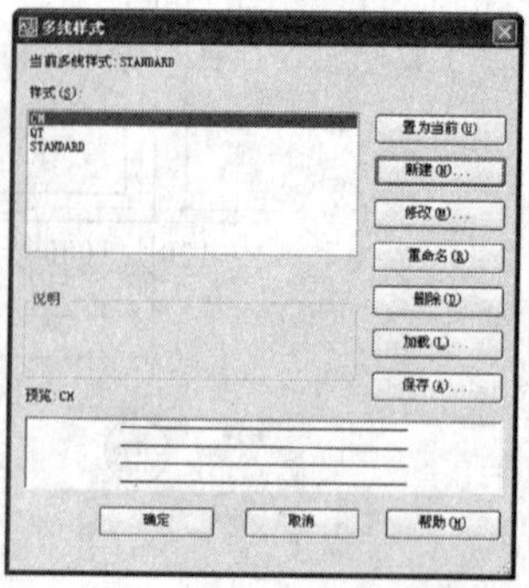

图3-9　"多线样式"对话框

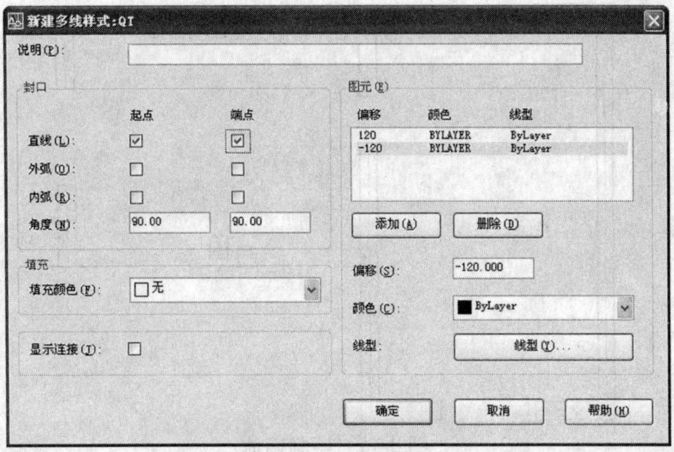

图 3-10　新建多线样式:QT

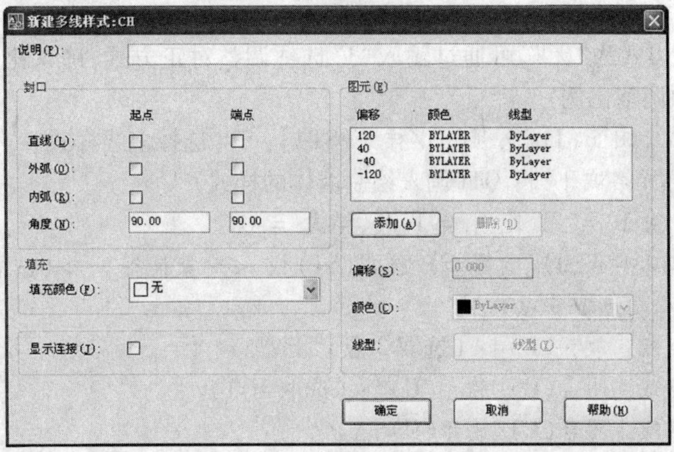

图 3-11　新建多线样式:CH

②绘制墙体。启动"多线"命令,根据图 3-12 所示节点图绘制多线,结果如图 3-13 所示。

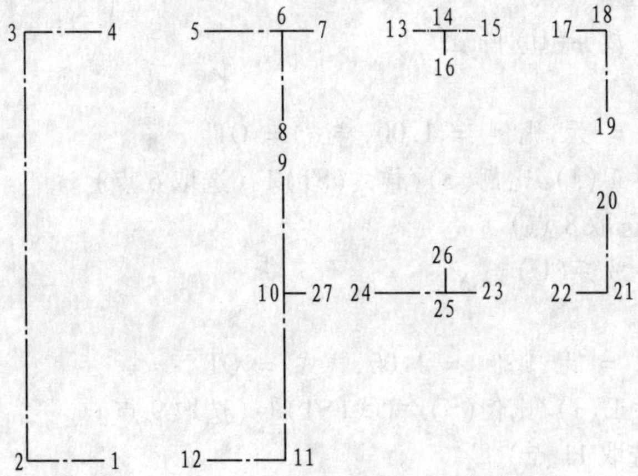

图 3-12　绘制多线的节点图

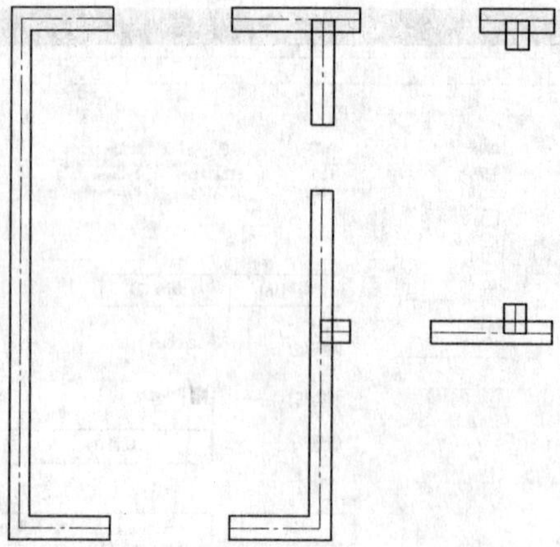

图 3-13　绘制墙体

命令:Mline

当前设置: 对正 = 无,比例 = 1.00,样式 = STANDARD

(确认对正方式为"无",可通过输入"J"选项调整对正方式;确认比例为 1.00,可通过输入"S"选项调整比例)

指定起点或[对正(J)/比例(S)/样式(ST)]: ST(选择多线样式)

输入多线样式名或[?]: QT(调入绘制墙体的样式)

当前设置: 对正 = 无,比例 = 1.00,样式 = QT

指定起点或[对正(J)/比例(S)/样式(ST)]: <对象捕捉 开>(选取 1 点)

指定下一点:(选取 2 点)

指定下一点或[放弃(U)]:(选取 3 点)

指定下一点或[闭合(C)/放弃(U)]:(选取 4 点)

指定下一点或[闭合(C)/放弃(U)]:↙

命令:Mline

当前设置: 对正 = 无,比例 = 1.00,样式 = QT

指定起点或[对正(J)/比例(S)/样式(ST)]:(选取 5 点)

指定下一点:(选取 7 点)

指定下一点或[放弃(U)]:↙

命令:Mline

当前设置:对正 = 无,比例 = 1.00,样式 = QT

指定起点或[对正(J)/比例(S)/样式(ST)]:(选取 6 点)

指定下一点:(选取 8 点)

指定下一点或[放弃(U)]:↙

命令: Mline

当前设置: 对正 = 无,比例 = 1.00,样式 = QT

指定起点或[对正(J)/比例(S)/样式(ST)]:(选取 9 点)

指定下一点:(选取 11 点)

指定下一点或[放弃(U)]:(选取 12 点)

指定下一点或［闭合(C)/放弃(U)］：↙
命令：Mline
当前设置：对正 = 无，比例 = 1.00，样式 = QT
指定起点或［对正(J)/比例(S)/样式(ST)］：(选取13点)
指定下一点：(选取15点)
指定下一点或［放弃(U)］：↙
命令：Mline
当前设置：对正 = 无，比例 = 1.00，样式 = QT
指定起点或［对正(J)/比例(S)/样式(ST)］：(选取14点)
指定下一点：(选取16点)
指定下一点或［放弃(U)］：↙
命令：Mline
当前设置：对正 = 无，比例 = 1.00，样式 = QT
指定起点或［对正(J)/比例(S)/样式(ST)］：(选取17点)
指定下一点：(选取18点)
指定下一点或［放弃(U)］：(选取19点)
指定下一点或［闭合(C)/放弃(U)］：↙
命令：Mline
当前设置：对正 = 无，比例 = 1.00，样式 = QT
指定起点或［对正(J)/比例(S)/样式(ST)］：(选取20点)
指定下一点：(选取21点)
指定下一点或［放弃(U)］：(选取22点)
指定下一点或［闭合(C)/放弃(U)］：↙
命令：Mline
当前设置：对正 = 无，比例 = 1.00，样式 = QT
指定起点或［对正(J)/比例(S)/样式(ST)］：(选取23点)
指定下一点：(选取24点)
指定下一点或［放弃(U)］：↙
命令：Mline
当前设置：对正 = 无，比例 = 1.00，样式 = QT
指定起点或［对正(J)/比例(S)/样式(ST)］：(选取25点)
指定下一点：(选取26点)
指定下一点或［放弃(U)］：↙
命令：Mline
当前设置：对正 = 无，比例 = 1.00，样式 = QT
指定起点或［对正(J)/比例(S)/样式(ST)］：(选取10点)
指定下一点：(选取27点)
指定下一点或［放弃(U)］：↙

(5)编辑多线。

从“修改”菜单下的“对象”层级菜单中选择“多线”选项，打开“多线编辑工具”对话框，选择“T 形打开”，依次选取如图 3-14 所示的多线进行墙体编辑，结果如图 3-15 所示。

命令：Mledit

选择第一条多线：(选取多线 A)

选择第二条多线：(选取多线 B)

选择第一条多线或［放弃(U)］：(选取多线 C)

选择第二条多线：(选取多线 D)

选择第一条多线或［放弃(U)］：(选取多线 E)

选择第二条多线：(选取多线 F)

选择第一条多线或［放弃(U)］：(选取多线 G)

选择第二条多线：(选取多线 H)

选择第一条多线或［放弃(U)］：↙

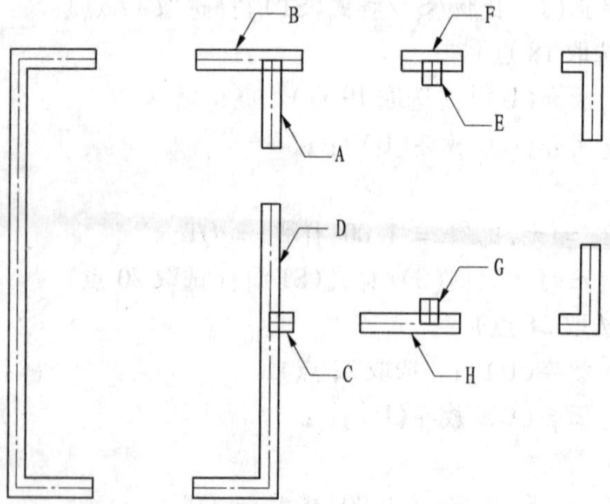

图 3-14　编辑多线

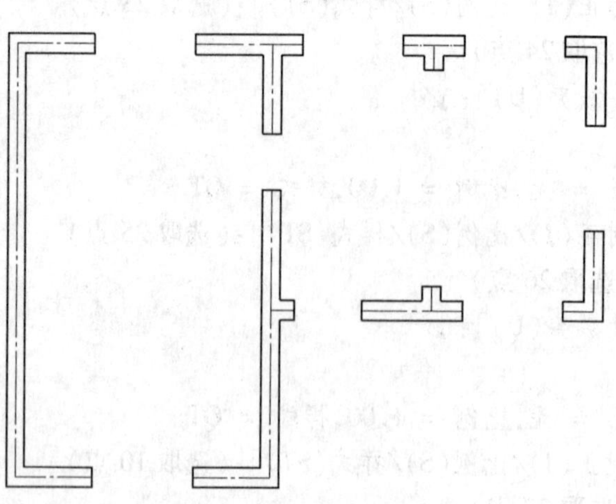

图 3-15　修改后的墙体

(6)绘制台阶。

以如图 3-16 所示的 K 点为起点绘制矩形(1260 ×600);再启动“直线”命令捕捉矩形左边和右边的中点绘制直线 MN,完成台阶的绘制。

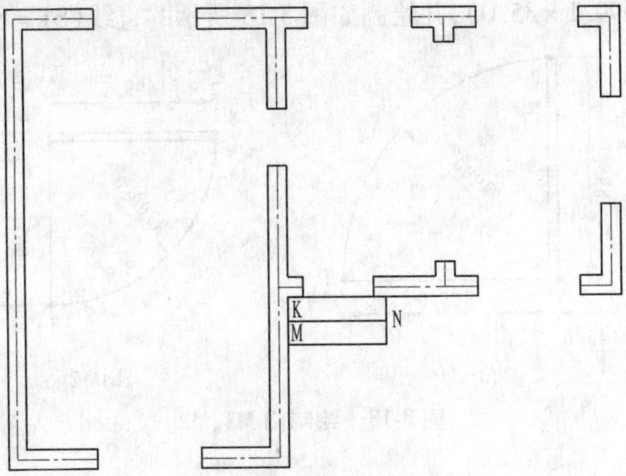

图 3-16　绘制台阶

(7)绘制窗户。

①将图层切换到门窗图层。

②启动“多线”命令,根据图 3-6 所示尺寸,分别点击窗户对应的轴线上的两个点绘制窗户,结果如图 3-17 所示。

命令: Mline

当前设置: 对正 = 无,比例 = 1.00,样式 = QT

指定起点或[对正(J)/比例(S)/样式(ST)]: ST

输入多线样式名或[?]: CH(将多线样式切换到 CH)

当前设置: 对正 = 无,比例 = 1.00,样式 = CH

指定起点或[对正(J)/比例(S)/样式(ST)]:(确定窗户的起点)

指定下一点:(确定窗户的终点)

指定下一点或[放弃(U)]: ↙

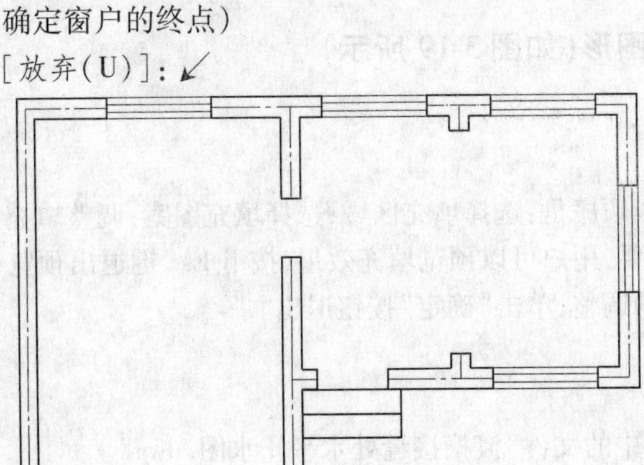

图 3-17　绘制窗户

(8)绘制门。

①确认当前图层为门窗图层。

②绘制矩形和直线。以图 3-12 所示的 27 点和 8 点为起点分别绘制如图 3-18 所示的矩形(898.9×45.0,699.1×35.0),并绘制如图 3-18 所示的直线(ST=855.0,PR=665.0)。

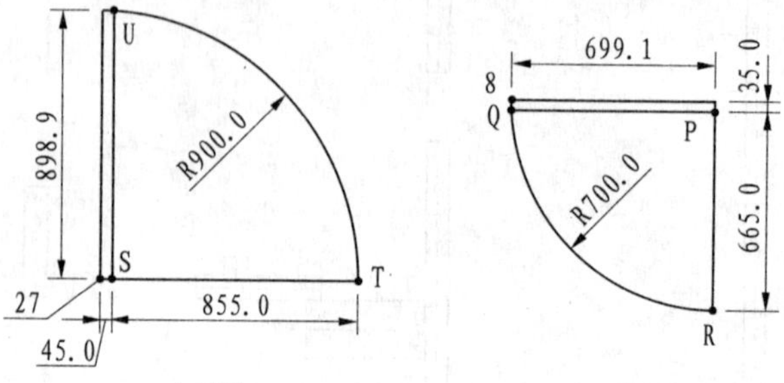

(a)M1　　(b)M2

图 3-18　绘制门 M1、M2

③绘制 M1。

绘制 M1 的圆弧 TU。从“绘图”菜单下的“圆弧”层级菜单中选择“起点,端点,半径”选项,根据命令行提示分别选取端点和输入半径 900,完成圆弧的绘制。

命令:Arc

指定圆弧的起点或[圆心(C)]:(选取圆弧的起点 T)

指定圆弧的第二个点或[圆心(C)/端点(E)]:E

指定圆弧的端点:(选取圆弧的终点 U)

指定圆弧的圆心或[角度(A)/方向(D)/半径(R)]:R

指定圆弧的半径:900

④绘制 M2。

过程参考③,圆弧起点为 Q,终点为 R,半径为 700。

(9)将完成的图形以“3.5 房屋平面图.dwg”的文件名保存到用户自己的文件夹中。

任务四:填充图形(如图 3-19 所示)

1. 思路分析

填充图形的一般顺序是:选择填充区域;选择填充图案;调整填充图案的角度和比例;预览,这一步至关重要,用户可以预览填充效果,按下 Esc 键退出预览,再根据实际效果进行填充角度和比例的调整;单击“确定”按钮退出。

2. 操作步骤

(1)打开素材库中的文件“渡槽接缝处水平止水图.dwg”。

(2)选择填充区域。在“绘图”工具栏上单击“图案填充”按钮,弹出“图案填充和渐变色”对话框,在“边界”选项卡中点击“添加:拾取点”;在待填充内部单击(选中范围的轮廓线会以虚线显示),按下空格键或回车键返回对话框。

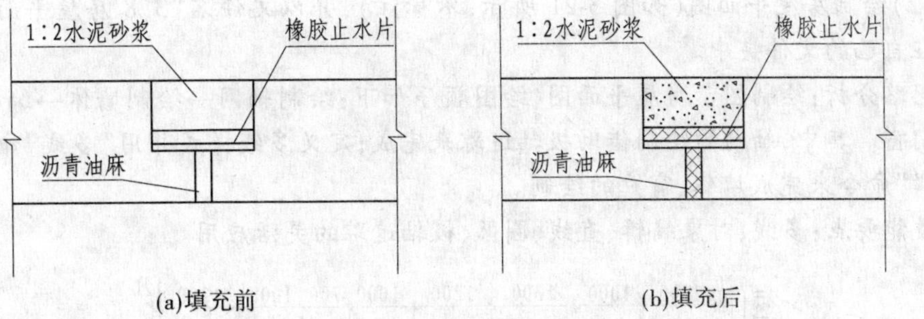

图 3-19　渡槽接缝处水平止水图

(3)选择填充图案。在“类型和图案”选项卡中单击“图案”按钮,打开“填充图案选项板”对话框,在“其他预定义”选项组中选择填充图案(如表 3-1 所示)并返回,根据需要改变填充比例(如表 3-1 所示),预览填充效果,单击“确定”按钮退出,完成填充。结果如图 3-19(b)所示。

表 3-1　填充说明

填充材料	图案名称	填充比例	填充角度
1:2水泥砂浆	AR－CONC	2	0
橡胶止水片	AR－HBONE	2	0
沥青油麻	ANSI37	1	0

(4)保存文件。以“3.6 渡槽止水.dwg”的文件名保存到用户自己的文件夹中。

自主练习

(1)绘制如图 3-20 所示的基本图形,并以文件名“3.7 基本图形练习.dwg”保存在自己的文件夹中。

思路分析:第一个图形,使用“圆”命令绘制两个圆,圆心用绝对坐标定位,使用“切点”捕捉绘制公切线;第二个图形,使用“多边形”命令绘制,分别输入边数 3、4、5、6,选择[边(E)]方式,输入边长 40,完成图形绘制。

技能要点:绘制圆、直线、多边形,灵活应用对象捕捉。

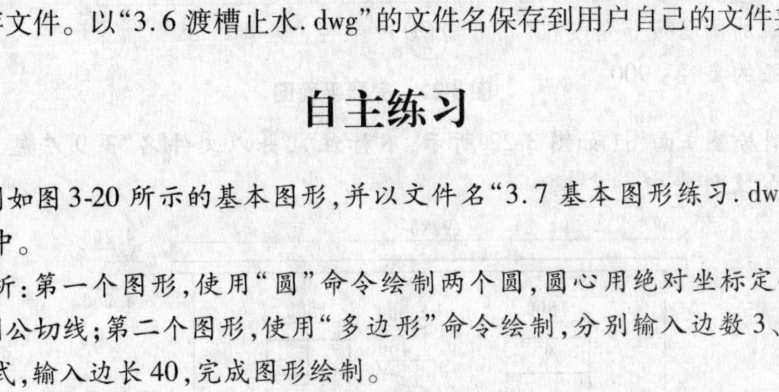

图 3-20　基本图形

(2)绘制房屋平面图(如图 3-21 所示,不标注),并以文件名“3.8 房屋平面图.dwg”保存在自己的文件夹中。

思路分析:绘制图示房屋平面图,绘图顺序如下:绘制轴网→绘制墙体→编辑墙体→绘制门窗。其中,轴网的绘制借助极轴追踪来完成;定义多线样式并用“多线”命令和“多线编辑”命令来完成墙体、窗户的绘制。

技能要点:多线、对象编辑、直线、圆弧、极轴追踪的灵活应用。

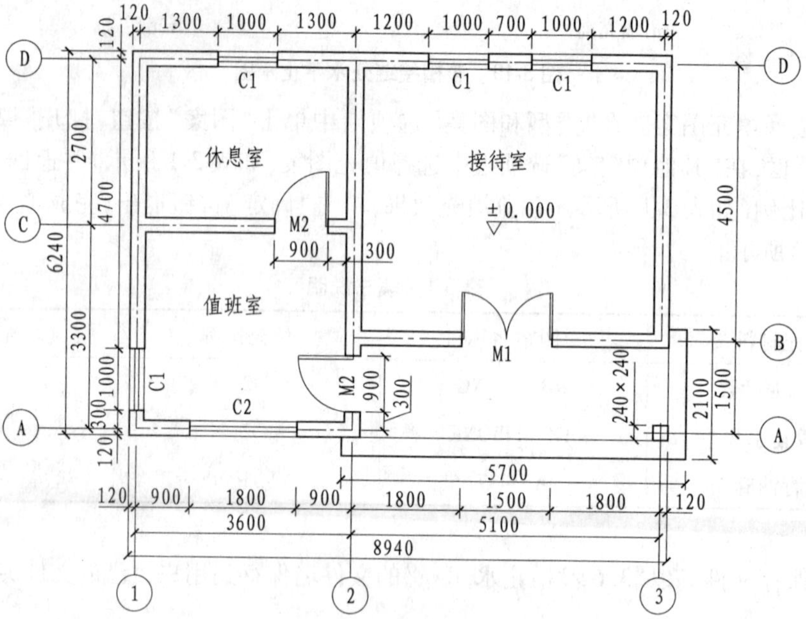

图 3-21 房屋平面图

(3)绘制房屋立面图(如图 3-22 所示,不标注),并以文件名“3.9 房屋立面图.dwg”保存在自己的文件夹中。

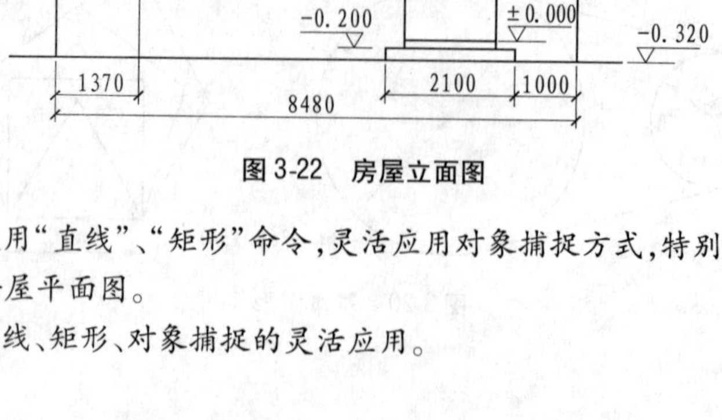

图 3-22 房屋立面图

思路分析:使用“直线”、“矩形”命令,灵活应用对象捕捉方式,特别是灵活应用“捕捉自”来绘制图示房屋平面图。

技能要点:直线、矩形、对象捕捉的灵活应用。

(4)打开素材库中的“飘扬的旗帜.dwg”，如图 3-23(a)所示，对图中图案进行填充，填充效果如图 3-23(b)所示，并以文件名“3.10 飘扬的旗帜.dwg”保存在自己的文件夹中。

思路分析：使用填充命令，为五角星填充黄色，为旗帜填充红色。

技能要点：填充。

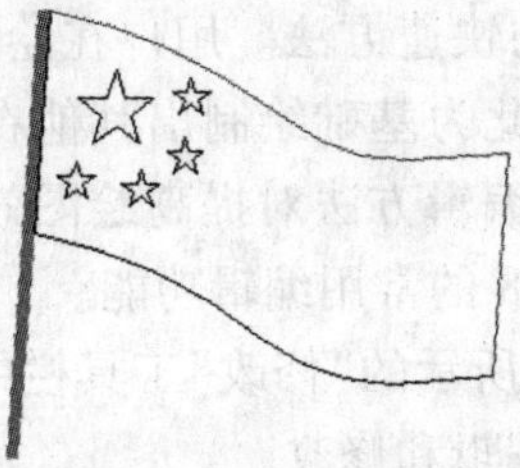

(a)

(b)

图 3-23　飘扬的旗帜填充效果

第四章　二维图形的编辑

基本图形编辑方法是进行复杂图形绘制的快速方法。用户在绘图过程中，常常需要对已有图形进行镜像、复制、移动等操作，并以此为基础绘制出其他在结构等方面极为相似的图形。因此，熟练掌握本章中的基本图形编辑方法对提高绘图效率至关重要。本章主要结合 6 个典型实例详细讲解 AutoCAD 2008 的常用编辑功能。

常用的二维图形的编辑命令都在如图 4-1 所示的“修改”工具栏中。用户也可以通过选择“修改”菜单中相关的命令来对图形进行编辑和修改。

图 4-1　“修改”工具栏

第一节　技能要点

通过实例操作，加深对以下基本编辑命令的理解和应用。

(1)复制对象：复制(Copy)、偏移(Offset)、镜像(Mirror)、阵列(Array)。

(2)修改对象的位置：移动(Move)、旋转(Rotate)。

(3)修改对象的大小：缩放(Scale)、拉伸(Stretch)。

(4)修改对象的形状：圆角(Fillet)、倒角(Chamfer)、修剪(Trim)、延伸(Extend)、打断(Break)、合并(Join)。

第二节　实训指导

任务一：使用偏移、阵列绘制图形(如图 4-2 所示)

1. 思路分析

图 4-2(d)所示图形，由图 4-2(c)所示图形阵列(Array)得到；绘制图 4-2(c)所示图形的关键是绘制图 4-2(a)所示的多段线，并将其偏移复制得到图 4-2(b)。

2. 操作步骤

(1)绘制多段线 ABC。

点击“绘图”工具栏上的按钮。

命令: Pline

指定起点:(在屏幕上指定一点 A)

当前线宽为 0.0

指定下一点或［圆弧(A)/半宽(H)/长度(L)/放弃(U)/宽度(W)］: 30(90°极轴追踪,输入直线段 AB 的距离 30)

指定下一点或［圆弧(A)/闭合(C)/半宽(H)/长度(L)/放弃(U)/宽度(W)］: A

指定圆弧的端点或［角度(A)/圆心(CE)/闭合(CL)/方向(D)/半宽(H)/直线(L)/半径(R)/第二个点(S)/放弃(U)/宽度(W)］: 60(180°极轴追踪,输入圆弧直径 60)

指定圆弧的端点或［角度(A)/圆心(CE)/闭合(CL)/方向(D)/半宽(H)/直线(L)/半径(R)/第二个点(S)/放弃(U)/宽度(W)］: ↙

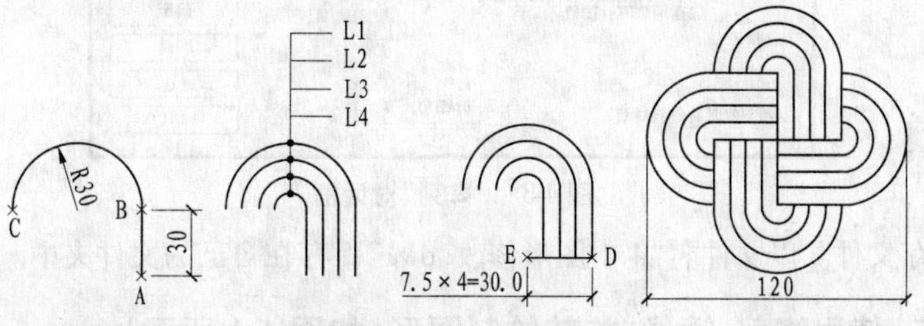

(a)绘制多段线　(b)偏移　(c)绘制直线　(d)阵列结果

图 4-2　使用偏移、阵列绘制图形

(2)偏移多段线,得到如图 4-2(b)所示图形。

点击"修改"工具栏上的按钮,启动"偏移(Offset)"命令。

命令: Offset

当前设置: 删除源 = 否,图层 = 源,OFFSETGAPTYPE = 0

指定偏移距离或［通过(T)/删除(E)/图层(L)］ <通过>: 7.5

选择要偏移的对象或［退出(E)/放弃(U)］ <退出>:(选择刚绘制好的多段线 L1)

指定要偏移的那一侧上的点或［退出(E)/多个(M)/放弃(U)］ <退出>:(在 L1 的下侧点击,得到 L2)

选择要偏移的对象或［退出(E)/放弃(U)］ <退出>:(选择刚绘制好的 L2)

指定要偏移的那一侧上的点或［退出(E)/多个(M)/放弃(U)］ <退出>:(在 L2 的下侧点击,得到 L3)

选择要偏移的对象或［退出(E)/放弃(U)］ <退出>:(选择刚绘制好的 L3)

指定要偏移的那一侧上的点或［退出(E)/多个(M)/放弃(U)］ <退出>:(在 L3 的下侧点击,得到 L4)

选择要偏移的对象或［退出(E)/放弃(U)］ <退出>:↙

(3)绘制图线。启动"直线(Line)"命令绘制如图 4-2(c)所示的直线 DE。

(4)阵列对象。绘图结果如图 4-2(d)所示。

点击"修改"工具栏上的按钮,弹出如图 4-3 所示的"阵列"对话框。选择"环形阵列";指定"中心点"为图 4-2(c)所示的 F 点;"项目总数"为 4,"填充角度"为 360.0;选择

图 4-2(c)所示的全部图线并按空格键返回;点击“预览”按钮,查看阵列结果,同时弹出询问对话框,若结果无须修改点击“接受”按钮,若需调整点击“修改”按钮并返回“阵列”对话框。

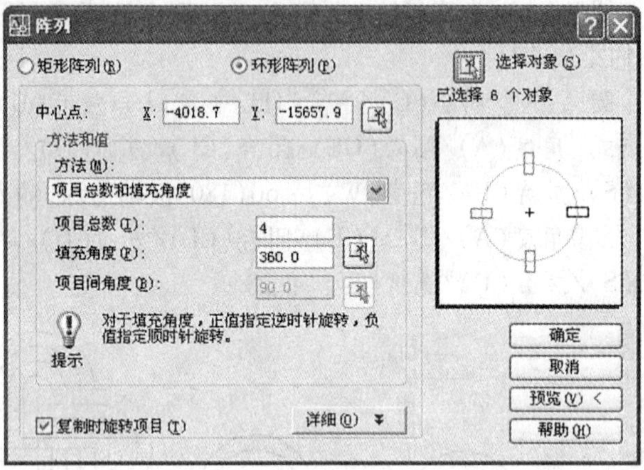

图 4-3 “阵列”对话框

(5)保存文件。以文件名“4.1 图形修改.dwg”保存在自己的文件夹中。

任务二:使用修剪、镜像、旋转绘制图形(如图 4-4 所示)

1. 思路分析

图 4-4 所示的图形,其外轮廓具有上下、左右对称的特征,可先绘制图形的四分之一,然后通过“镜像”命令完成图形绘制;图形中的部分删除需要使用“修剪”命令;图形中间的矩形使用“旋转”命令来完成旋转操作。

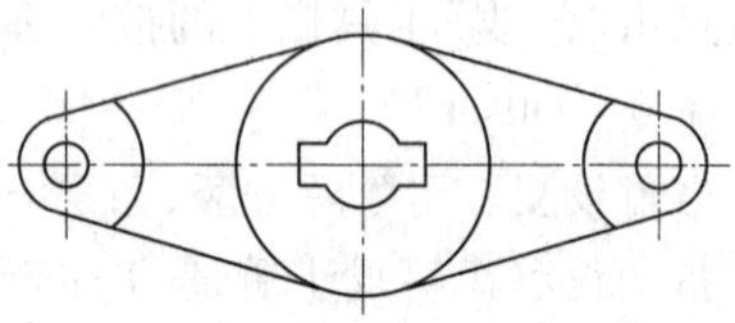

图 4-4 使用修剪、镜像、旋转绘制图形

2. 操作步骤

(1)打开素材库中的“图形编辑 1.dwg”。

(2)绘制切线 AB。启动“直线(Line)”命令,使用切点捕捉端点 A 和 B,完成切线 AB 的绘制,如图 4-5 所示。

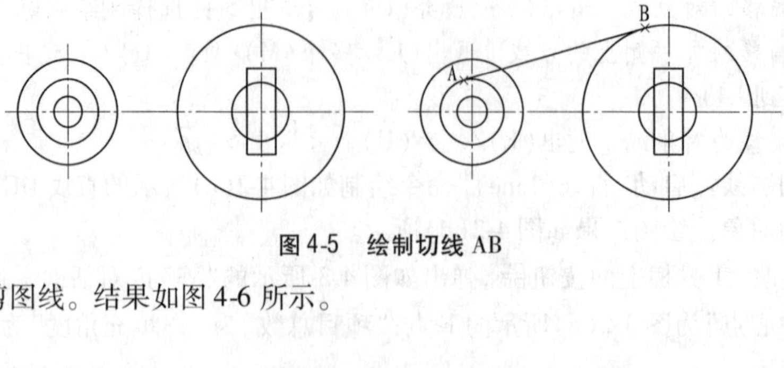

图 4-5 绘制切线 AB

(3)修剪图线。结果如图 4-6 所示。

在“修改”工具栏上单击按钮 ，启动“修剪(Trim)”命令。选择 L1 和 L2 作为剪切边后按下空格键，分别选择圆弧 H1 和 H2 作为修剪的对象；按下空格键完成修剪并退出。

按下空格键，重复“修剪”命令，选择大圆竖向轴线 EF 作为剪切边，将水平轴线修剪，如图 4-6 所示。

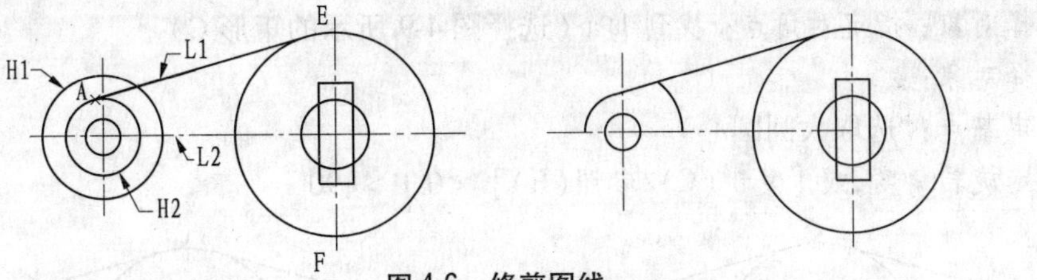

图 4-6　修剪图线

(4)镜像图线。结果如图 4-7 所示。

在“修改”工具栏上单击按钮 ，启动“镜像(Mirror)”命令。

命令：Mirror

选择对象：指定对角点：找到 3 个(选择如图 4-7 所示的阴影图线)

选择对象：指定镜像线的第一点：(选择 C 点)

指定镜像线的第二点：(选择 D 点)

要删除源对象吗？［是(Y)/否(N)］ <N>：↙

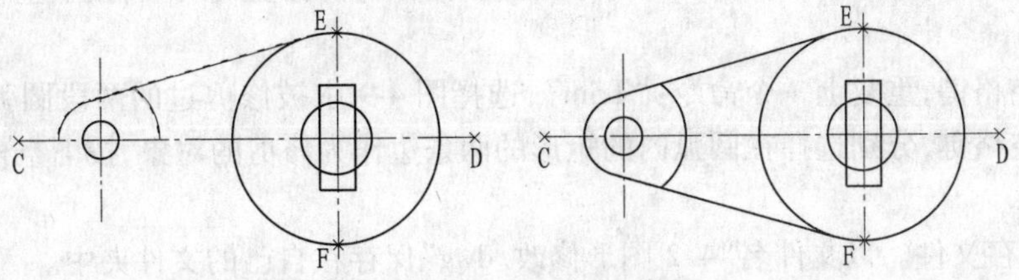

图 4-7　第一次镜像图形

(5)二次镜像图线。结果如图 4-8 所示。

在“修改”工具栏上单击按钮 ，启动“镜像(Mirror)”命令。

命令：Mirror

选择对象：指定对角点：找到 9 个(选择如图 4-8 所示的阴影图线)

选择对象：指定镜像线的第一点：(选择 E 点)

指定镜像线的第二点：(选择 F 点)

要删除源对象吗？［是(Y)/否(N)］ <N>：↙

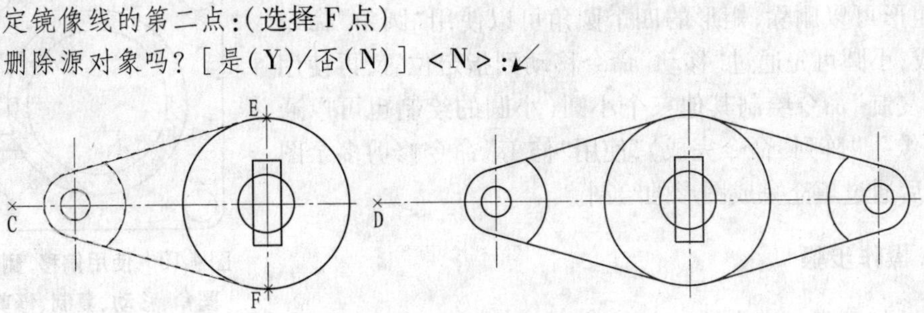

图 4-8　第二次镜像图形

(6)旋转图形。结果如图 4-9 所示。

在"修改"工具栏上单击按钮 ,启动"旋转(Rotate)"命令。

命令: Rotate

UCS 当前的正角方向: ANGDIR = 逆时针, ANGBASE = 0.0

选择对象: 指定对角点: 找到 1 个(选择图 4-9 所示的矩形 G)

选择对象: ↙

指定基点:(选取大圆圆心)

指定旋转角度,或 [复制(C)/参照(R)] <0.0>:90

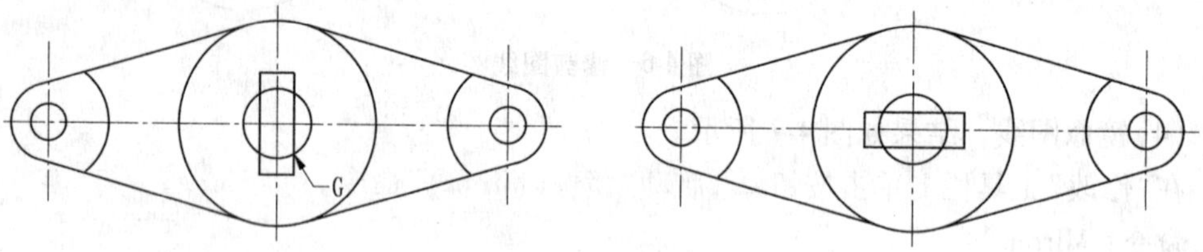

图 4-9 旋转图形

(7)修剪图线。结果如图 4-4 所示。

在"修改"工具栏上单击按钮 ,启动"修剪(Trim)"命令。选择图 4-9 中间的矩形作为剪切边后按下空格键,分别选择矩形中的两段圆弧作为修剪的对象,按下空格键完成修剪并退出。

按下空格键,重复上一个命令:"Trim",选择图 4-9 中被修剪过的两段圆弧作为剪切边后按下空格键,分别选择在圆弧内的矩形的两条边作为修剪的对象,按下空格键完成修剪并退出。

(8)保存文件。以文件名"4.2 图形修改. dwg"保存在自己的文件夹中。

任务三:使用偏移、删除、圆角、移动、复制、修剪、填充绘制图形(如图 4-10 所示)

1. 思路分析

图 4-10 所示的图形中,外围矩形通过偏移复制得到,多余的矩形可以删除;矩形的四个圆角可以使用"圆角"命令来完成;小圆可先通过"移动"命令移动到指定位置,再使用精确"复制"命令绘制其他三个小圆(小圆的绘制也可以通过"镜像"、"阵列"命令完成),使用"修剪"命令修剪多余图形,最后通过填充完成图形的绘制。

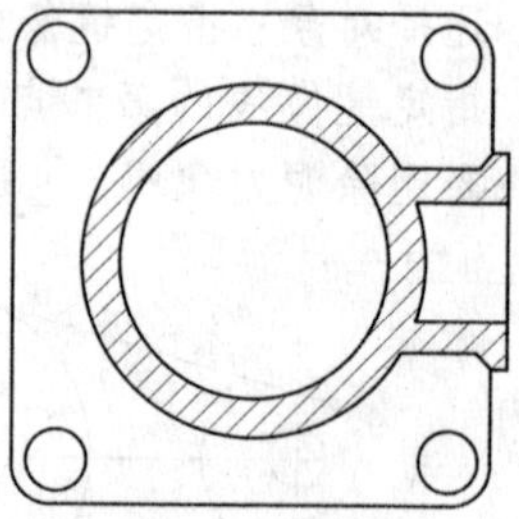

图 4-10 使用偏移、删除、圆角、移动、复制、修剪、填充绘制图形

2. 操作步骤

(1)打开素材库中的"图形编辑 2. dwg"。

(2)偏移复制。结果如图 4-11 所示。

在“修改”工具栏上单击按钮，启动“偏移(Offset)”命令。

命令：Offset

当前设置：删除源=否，图层=源，OFFSETGAPTYPE=0

指定偏移距离或［通过(T)/删除(E)/图层(L)］ <7.5>：(指定点 C)

指定第二点：(指定点 D)

选择要偏移的对象或［退出(E)/放弃(U)］ <退出>：(选择矩形 A)

指定要偏移的那一侧上的点或［退出(E)/多个(M)/放弃(U)］ <退出>：

选择要偏移的对象或［退出(E)/放弃(U)］ <退出>：↙

(3)删除多余矩形。结果如图 4-11 所示。

在“修改”工具栏上单击按钮，启动“删除(Erase)”命令。选择矩形 A 并回车完成删除操作。

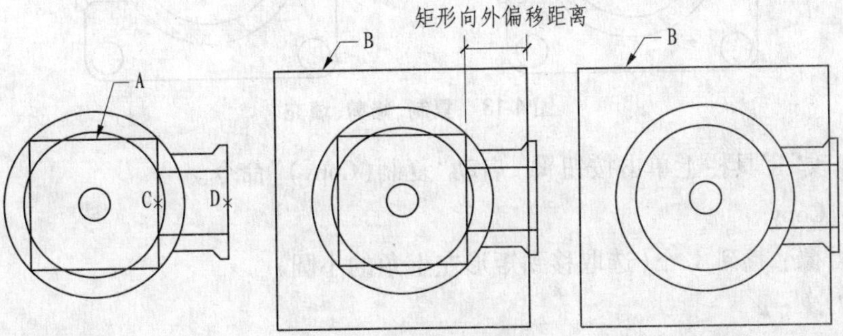

图 4-11　偏移、删除

(4)圆角操作。结果如图 4-12 所示。

在“修改”工具栏上单击按钮，启动“圆角(Fillet)”命令。

命令：Fillet

当前设置：模式 = 修剪，半径 = 0.0

选择第一个对象或［放弃(U)/多段线(P)/半径(R)/修剪(T)/多个(M)］：R

指定圆角半径 <0.0>：30

选择第一个对象或［放弃(U)/多段线(P)/半径(R)/修剪(T)/多个(M)］：P

选择二维多段线：(选择矩形 B 作为倒圆角对象)

4 条直线已被圆角

(5)移动小圆。结果如图 4-12 所示。

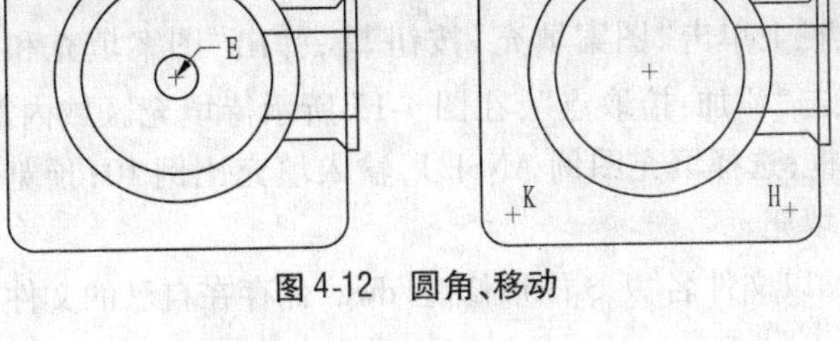

图 4-12　圆角、移动

在“修改”工具栏上单击按钮，启动“移动(Move)”命令。

命令:Move

选择对象: 找到 1 个(选择图中小圆)

选择对象: ↙

指定基点或[位移(D)] <位移>:(选取图中小圆的圆心,E 点)

指定第二个点或 <使用第一个点作为位移>:(选取图中矩形圆角的圆心,F 点)

(6)复制对象。完成四个小圆的绘制,结果如图 4-13 所示。

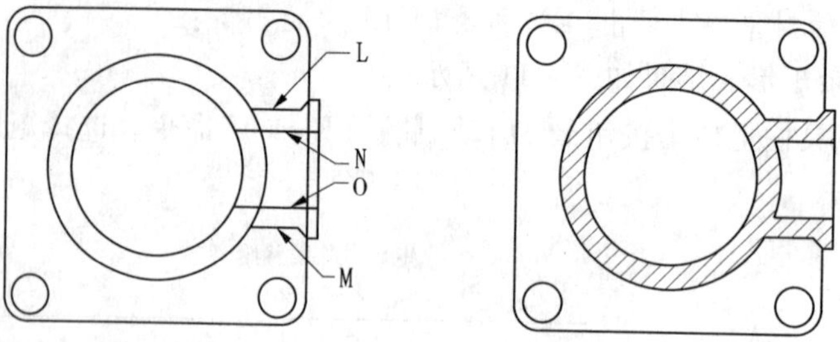

图 4-13 复制、修剪、填充

在“修改”工具栏上单击按钮，启动“复制(Copy)”命令。

命令: Copy

选择对象: 找到 1 个(选取移到矩形左上角的小圆)

选择对象: ↙

当前设置: 复制模式 = 多个

指定基点或[位移(D)/模式(O)] <位移>:(选取圆心 F 点作为基点)

指定第二个点或 <使用第一个点作为位移>:(选取圆心 G 点)

指定第二个点或[退出(E)/放弃(U)] <退出>:(选取圆心 H 点)

指定第二个点或[退出(E)/放弃(U)] <退出>:(选取圆心 K 点)

指定第二个点或[退出(E)/放弃(U)] <退出>:↙

(7)修剪对象。结果如图 4-13 所示。

在“修改”工具栏上单击按钮，启动“修剪(Trim)”命令。分别选择图 4-13 中的 L 和 N 作为剪切边后按下空格键,选择 L 和 N 之间的圆弧作为修剪的对象,按下空格键完成修剪并退出。

按下空格键,重复上一个命令:“Trim”, 分别选择图中的 O 和 M 作为剪切边后按下空格键,选择 O 和 M 之间的圆弧作为修剪的对象,按下空格键完成修剪并退出。

(8)填充图案。结果如图 4-13 所示。

在“绘图”工具栏上单击“图案填充”按钮，弹出“图案填充和渐变色”对话框,在“边界”选项卡中点击“添加:拾取点”,在图 4-13 所示待填充区域内部单击,按下空格键或回车键返回对话框;选择填充图例 ANSI31,输入填充比例 10;预览填充效果,单击“确定”按钮退出,完成填充。

(9)保存文件。以文件名“4.3 图形修改.dwg”保存在自己的文件夹中。

任务四：使用修剪、拉伸、缩放、延伸、镜像等绘制图形（如图 4-14 所示）

1. 思路分析

使用“修剪”命令将图 4-15 中的多余线条删除；使用“拉伸”命令实现图中部分图形的拉伸；使用“镜像”命令完成对称部分图形的绘制；使用“填充”命令，合理设置填充比例和填充角度来完成图形的绘制。

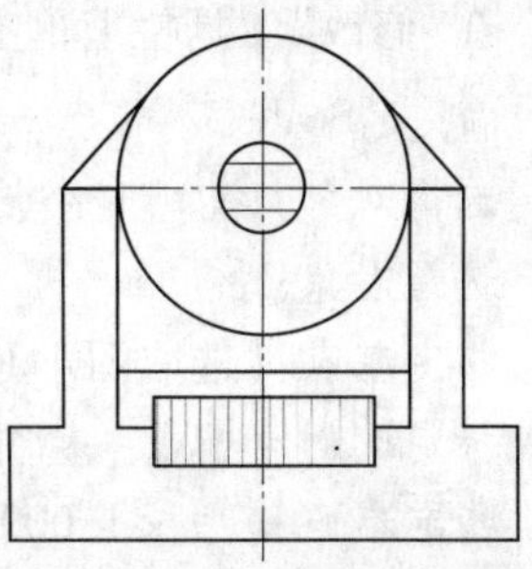

图 4-14　使用修剪、拉伸、缩放、延伸、镜像等绘制图形

2. 操作步骤

（1）打开素材库中的“图形编辑 3. dwg”。

（2）修剪多余图线。

在“修改”工具栏上单击按钮，启动“修剪（Trim）”命令，分别将线段 BD、DE、JK 修剪，结果如图 4-15 所示。

（3）拉伸图线。

在“修改”工具栏上单击按钮，启动“拉伸（Stretch）”命令。

命令：Stretch

以交叉窗口或交叉多边形选择要拉伸的对象...

选择对象：（选取 C 点右下方适当位置一点，如图 4-16 所示）

指定对角点：找到 9 个（选取 B 点左上方适当位置一点，如图 4-16 所示）

选择对象：↙

指定基点或［位移（D）］＜位移＞：（选取 B 点）

指定第二个点或 ＜使用第一个点作为位移＞：（选取 B 点垂直追踪线和过 A 点的水平追踪线相交的点，如图 4-17 所示）

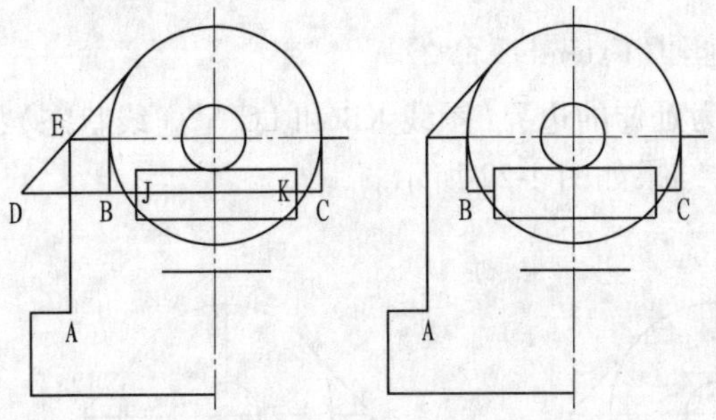

图 4-15　修剪对象

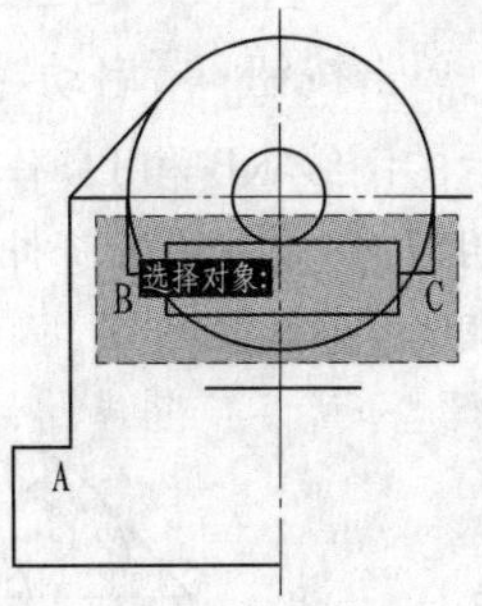

图 4-16　反选对象

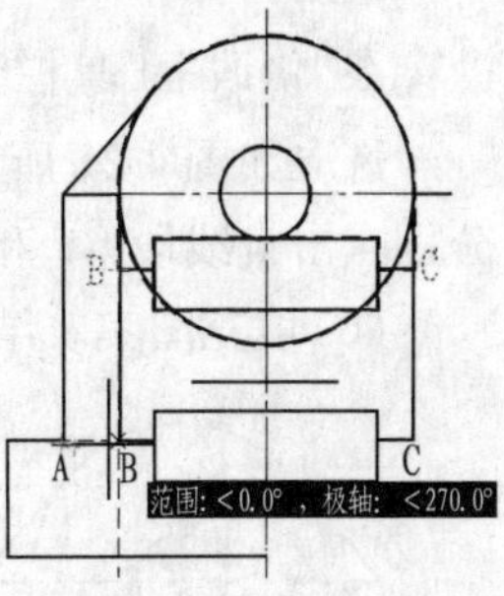

图 4-17　拉伸对象

结果如图 4-18 所示。

（4）镜像图线。

在“修改”工具栏上单击按钮，启动“镜像（Mirror）”命令。选取如图 4-18 所示图线，选取图中竖直轴线作为镜像线，镜像结果如图 4-19 所示。

(5)伸长直线 GH,使其与直线 KB、LC 相交。将直线伸长的方法有多种,包括“缩放(Scale)”、“延伸(Extend)”、“夹点编辑”、“拉长(Lengthen)”等。这里主要介绍“缩放(Scale)”、“延伸(Extend)”两种方法。

①缩放操作。

在“修改”工具栏上单击按钮,启动“缩放(Scale)”命令。

命令: Scale

选择对象: 找到 1 个(选取如图 4-20 所示的直线 GH)

选择对象: ↙

指定基点:(选取图 4-20 中的 F 点)

指定比例因子或 [复制(C)/参照(R)] <1.0000>:R

指定参照长度 <1.0000>:(选取图 4-20 中的 F 点)

指定第二点:(选取图 4-20 中的 G 点)

指定新的长度或 [点(P)] <1.0000>: P

指定第一点:(选取图 4-20 中的 F 点)

指定第二点:(选取图 4-20 中的 J 点)

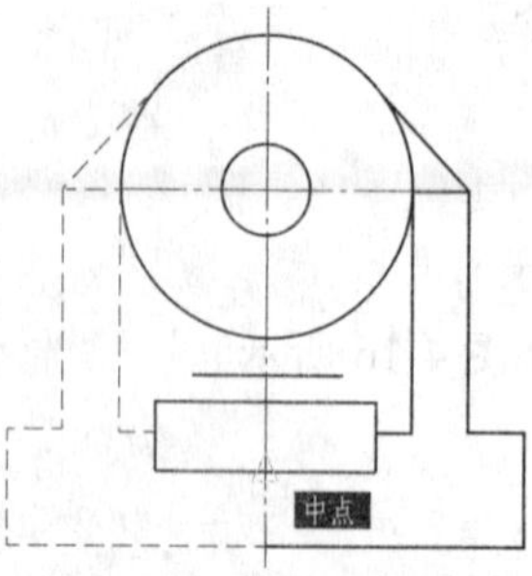

图 4-18 选取镜像线

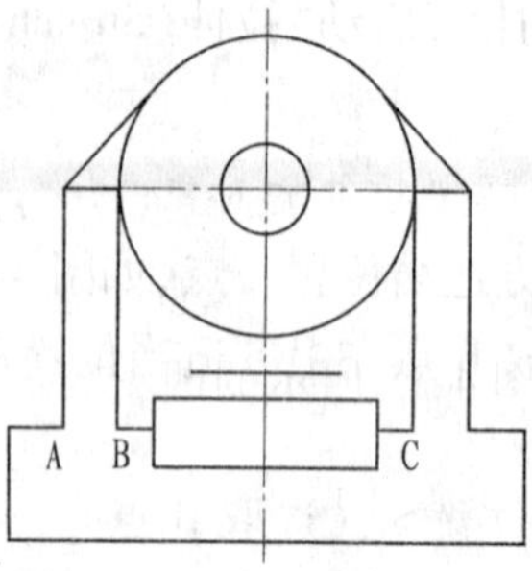

图 4-19 镜像结果

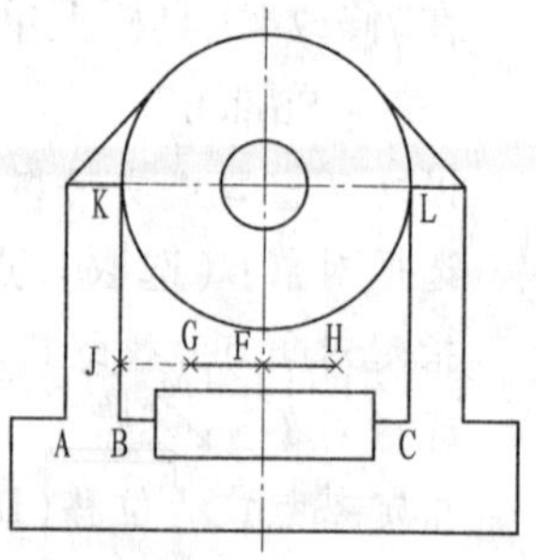

图 4-20 缩放直线 GH

②延伸操作。

在“修改”工具栏上单击按钮,启动“延伸(Extend)”命令。

选取如图 4-21 所示的图线 KB 和 LC 作为延伸的边界(图线 KB 和 LC 呈虚线状态),分别点击直线段 GF 和 FH,完成直线的延伸,结果如图 4-22 所示。

(6)填充图案。结果如图 4-23 所示。

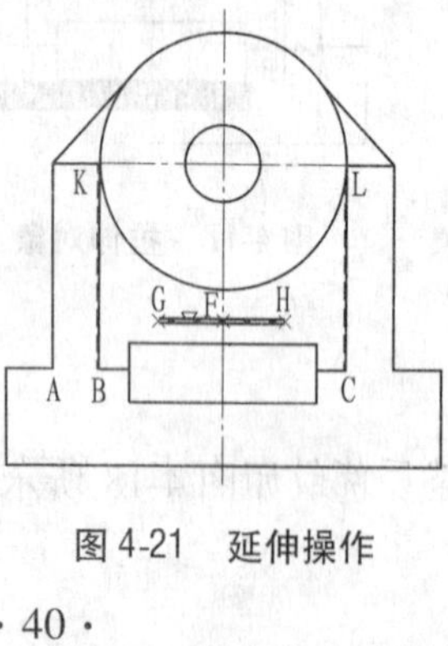

图 4-21 延伸操作

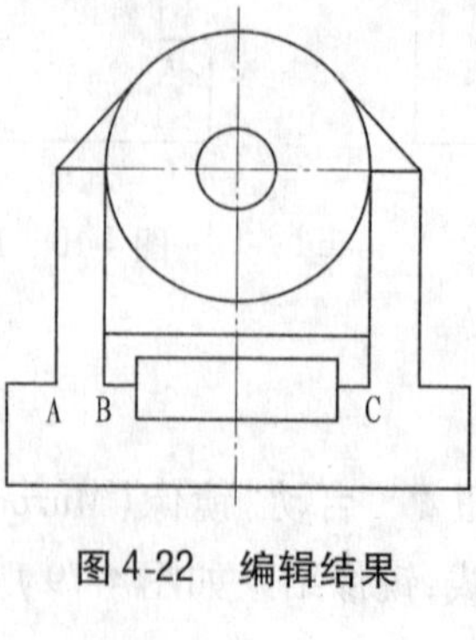

图 4-22 编辑结果

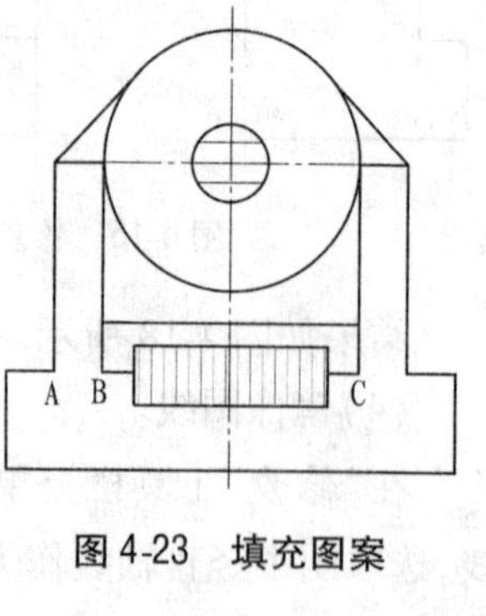

图 4-23 填充图案

在“绘图”工具栏上单击“图案填充”按钮 ，弹出“图案填充和渐变色”对话框，在“边界”选项卡中点击“添加：拾取点”，在图 4-22 所示待填充区域内部单击，按下空格键或回车键返回对话框；选择填充图例 ANSI31，设置合理参数（其中：圆内图线的填充比例为 20，填充角度为 135；矩形内部图线的填充比例为 20，填充角度为 45）；预览填充效果，单击“确定”按钮退出，完成填充。

(7)保存文件。以文件名“4.4 图形修改.dwg”保存在自己的文件夹中。

任务五：绘制组合桌椅平面图（如图 4-24 所示）

桌子圆角半径为 100，椅子圆角半径为 50。

1. 思路分析

图 4-24 所示组合桌椅平面图整体结构为上下左右对称，可先绘制桌子和其中的一张椅子，使用“圆角(Fillet)”命令完成桌子和椅子倒圆角，再使用“移动(Move)”命令进行精确定位，最后使用“镜像(Mirror)”命令完成图形的绘制。

2. 操作步骤

(1)打开素材库中“土木工程 CAD”模板，将图层切换到“0”层，并将其线宽设置为 0.4 mm。

(2)启动“矩形(Rectang)”命令，确定第一个角点后，选择“尺寸(D)”选项，先后输入图示桌、椅的长和宽，分别绘制如图 4-25 所示的两个矩形。

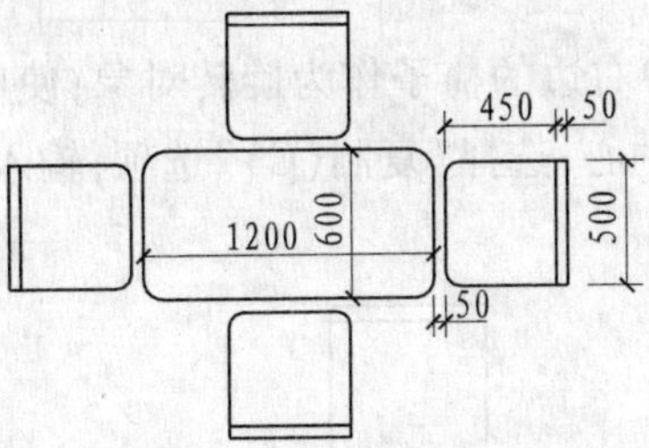

图 4-24　组合桌椅平面图

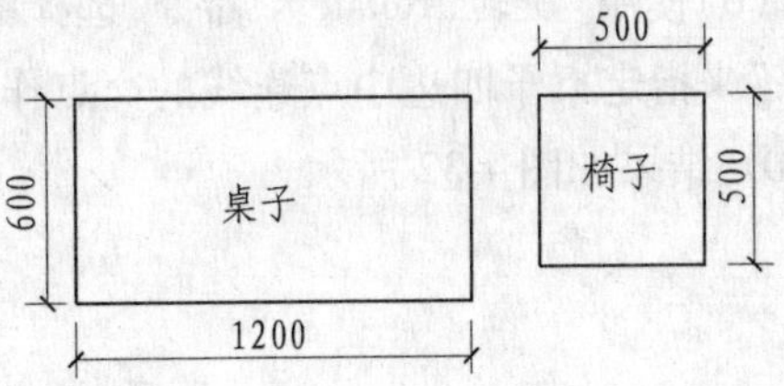

图 4-25　绘制两个矩形

(3)启动“移动(Move)”命令，精确移动椅子的位置。

命令：Move

选择对象：找到 1 个

选择对象：↙

指定基点或［位移(D)］＜位移＞：(选取如图 4-26 所示的 A 点)

指定第二个点或 ＜使用第一个点作为位移＞：50(使用极轴追踪，先在 1200×600 矩形的右边中点 B 上稍作停留，即确定 B 点为临时追踪的起点，然后指针向右水平移动少许，如图 4-27 所示，以确定目标点的方向，输入移动距离 50，结果如图 4-28 所示)

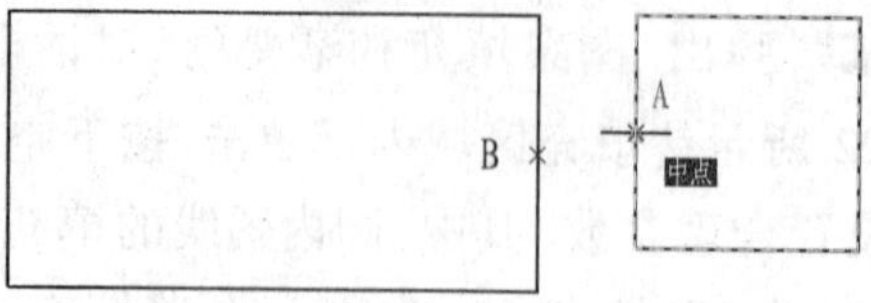

图 4-26　指定 500 × 500 矩形的左边中点 A 为基点

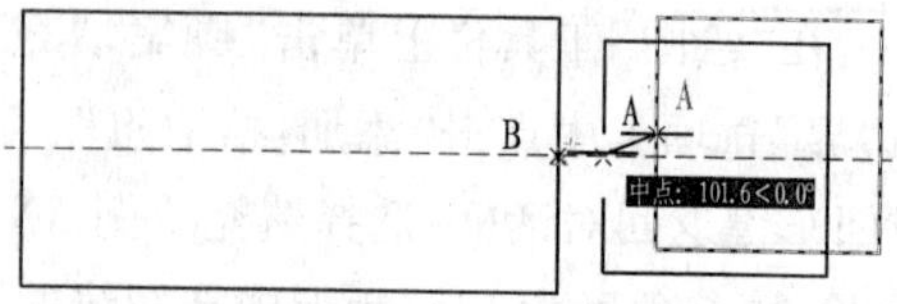

图 4-27　使用“极轴追踪”指定第二点

(4)分解并偏移。

使用“分解(Explode)”命令将 500 × 500 矩形分解，然后使用“偏移(Offset)”命令将矩形的 CD 边向左偏移复制，偏移距离为 50。结果如图 4-29 所示。

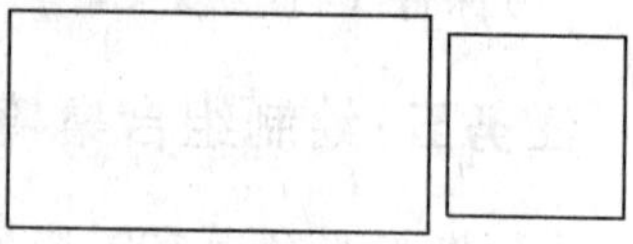

图 4-28　定位后的桌椅的位置

(5)倒圆角。

使用“圆角(Fillet)”命令，选择“半径(R)”选项，指定圆角半径为 100，然后选择“多段线(P)”选项，根据提示单击选择桌子的任意一边，对桌子的四个边同时进行倒圆角。结果如图 4-30 所示。

按下空格键，重复上一个“圆角(Fillet)”命令，指定圆角半径为 50，根据提示依次单击选择需要倒圆角的椅子的两个边。结果如图 4-30 所示。

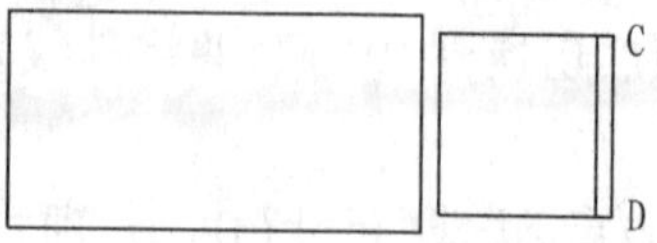

图 4-29　制作椅子的靠背

图 4-30　将桌椅倒圆角

(6)使用“旋转(Rotate)”命令，选择图 4-31 中右边的椅子作为旋转对象；使用“极轴追踪”来指定桌子四边中点连线的交点作为旋转中心；选择“复制(C)”选项；输入旋转角度 90。结果如图 4-32 所示。

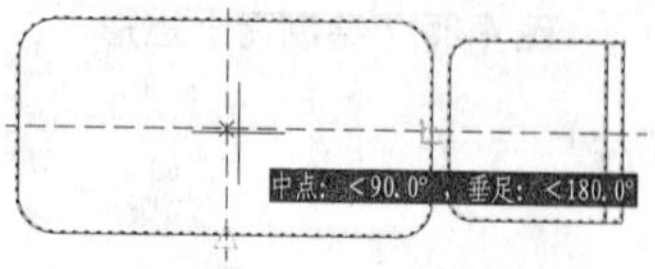

图 4-31　使用“极轴追踪”指定旋转中心

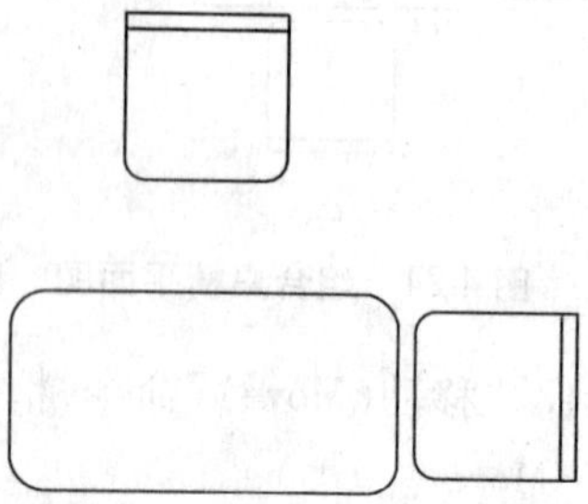

图 4-32　旋转复制完成的图形

(7)使用“移动(Move)”命令，如图 4-33 所示，指定椅子下边的中点 E 作为移动的基点；在选定第二个点时，使用“极轴追踪”，先在桌子上边的中点 F 上稍作停留(以 F 点为临时追踪的起点)，然后指针向上垂直移动少许(确定目标点的方向)，输入移动距离 50，确定移动的第二个点。结果如图 4-34 所示。

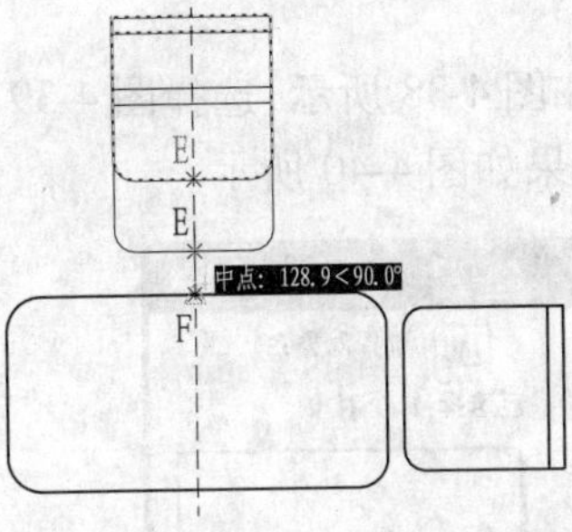

图 4-33　使用"极轴追踪"指定第二点

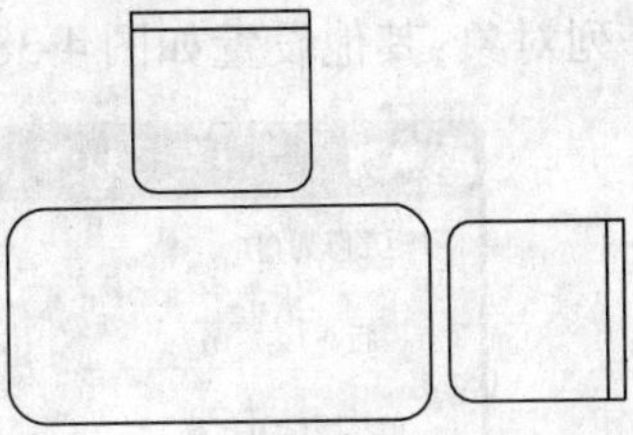

图 4-34　定位后的桌椅的位置

(8)使用"镜像(Mirror)"命令,选定桌子右边的椅子作为操作对象,指定桌子上下两个边的中点作为镜像线的两个点;不删除源对象。结果如图 4-35 所示。

按下空格键,重复上一个"镜像(Mirror)"命令,选定桌子上边的椅子作为操作对象,指定桌子左右两个边的中点作为镜像线的两个点;不删除源对象。结果如图 4-36 所示。

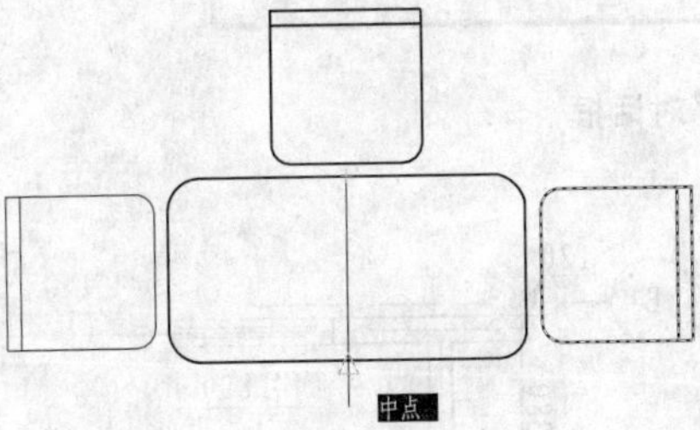

图 4-35　镜像复制桌子左边的椅子

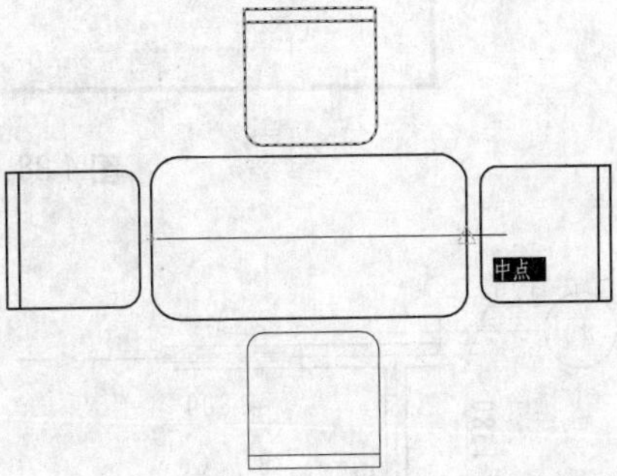

图 4-36　镜像复制桌子下边的椅子

(9)保存文件。

以文件名"4.5 组合桌椅. dwg"保存在自己的文件夹中。

任务六:绘制楼梯平面图(如图 4-37 所示)

1. 思路分析

图 4-37 所示楼梯平面图主要结构为左右对称,可先绘制一半,再使用"镜像"命令完成另一半的绘制;表示楼梯踏步的 10 根直线,可使用"阵列"命令完成;楼梯扶手的两个矩形,可先绘制其中一个,另一个使用"偏移"命令复制。

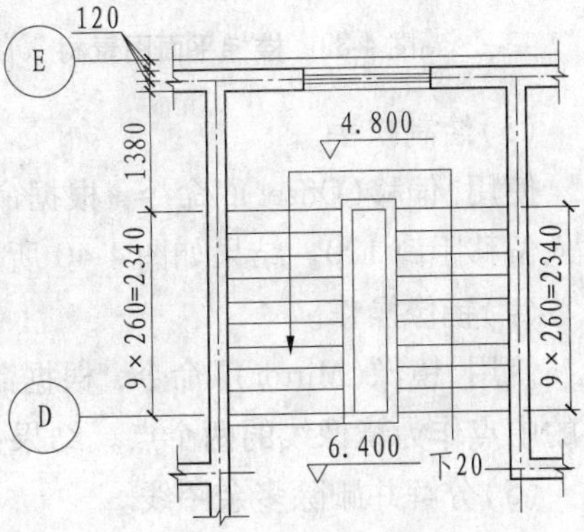

图 4-37　楼梯平面图

2. 操作步骤

(1)打开素材库中的"楼梯平面图. dwg"文件。

(2)绘制踏步。

使用“阵列(Array)”命令，弹出“阵列”对话框，如图4-38所示，选择图4-39所示直线AB作为阵列对象，其他设置如图4-38所示。绘制结果如图4-40所示。

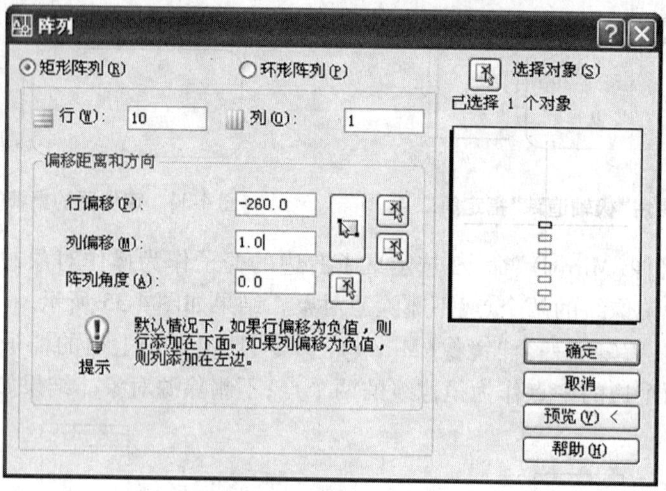

图4-38 “阵列”对话框

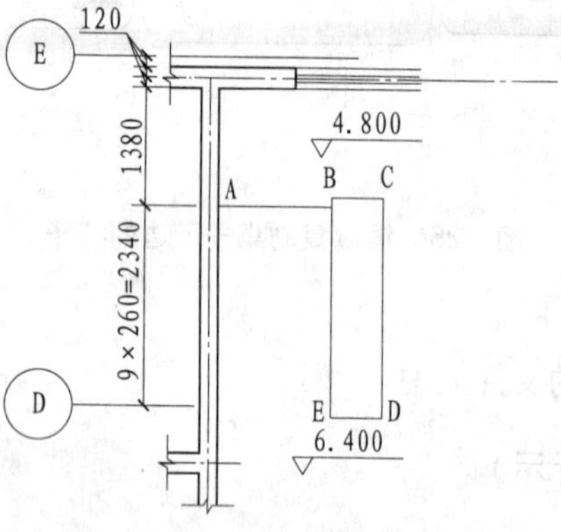

图4-39 楼梯平面图素材

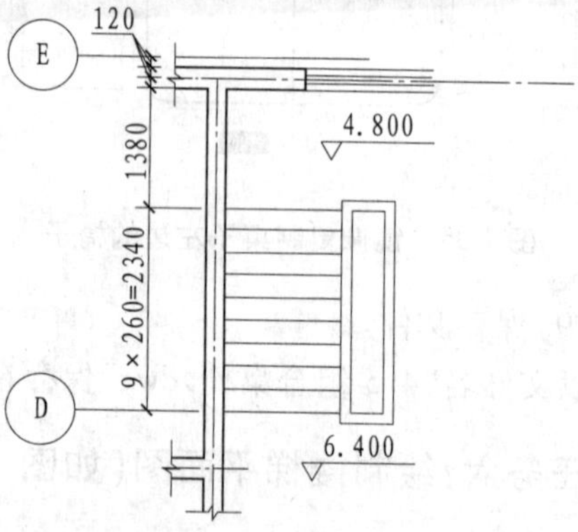

图4-40 绘制踏步和扶手

(3)绘制扶手。

使用“偏移(Offset)”命令，根据命令行提示，选择图4-39所示矩形BCDE作为对象，输入偏移距离120。结果如图4-40所示。

(4)镜像操作。

使用“镜像(Mirror)”命令，根据命令行提示，选择图4-41所示对象，选择BC边、DE边的中点作为镜像线的两个点。结果如图4-42所示。

(5)分解并删除多余图线。

使用“分解(Explode)”命令，根据命令行提示，选择图4-43右边墙线进行分解，并将右下角的多余图线删除。结果如图4-43所示。

(6)倒角操作。

在“修改”工具栏上单击按钮，启动“倒角(Chamfer)”命令。

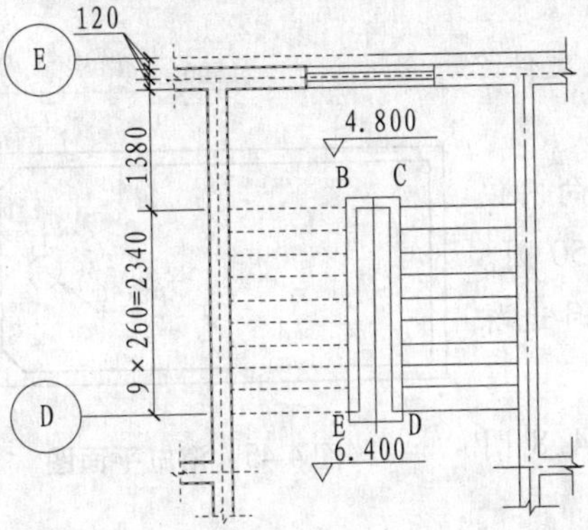

图4-41　镜像操作

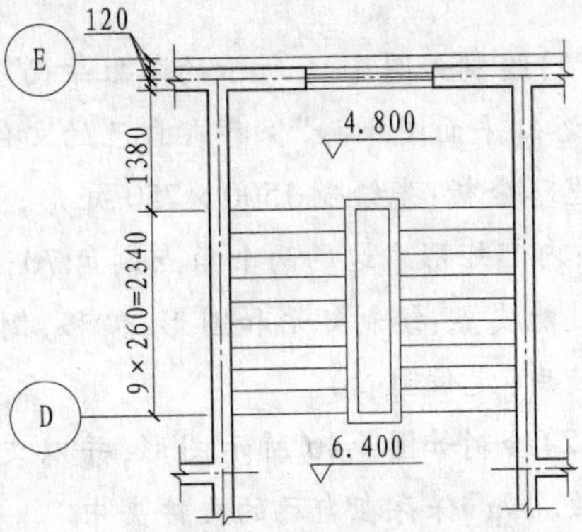

图4-42　镜像结果

命令：Chamfer

(“修剪”模式) 当前倒角距离 1 = 0.0，距离 2 = 0.0

选择第一条直线或［放弃(U)/多段线(P)/距离(D)/角度(A)/修剪(T)/方式(E)/多个(M)］：(选取图4-44所示的直线L1)

选择第二条直线，或按住Shift键选择要应用角点的直线：(选取图4-44所示的直线L2)

结果如图4-44所示。

说明：此处图线的整理也可以通过“延伸”和“修剪”命令来完成。

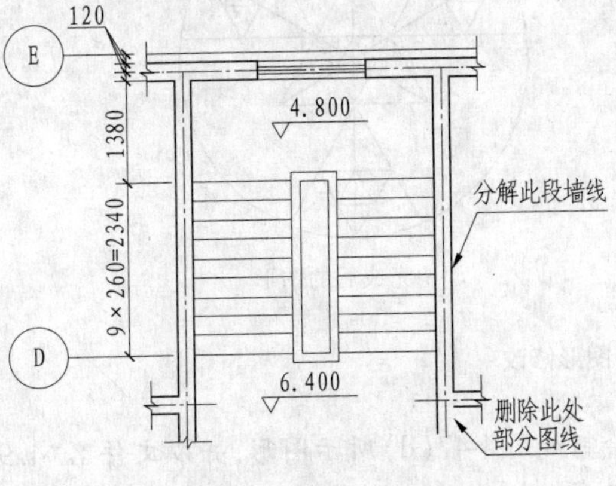

图4-43　分解并删除多余图线

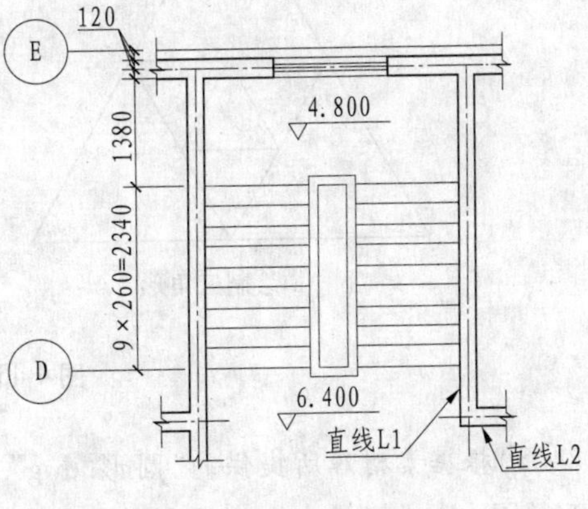

图4-44　倒角

(7)绘制其他图线。

将楼梯平面图左下方的直线补齐，将多余直线修剪，使用“多段线(PLine)”命令绘制上楼示意线。结果如图4-37所示。

(8)保存文件。

以文件名“4.6楼梯平面图.dwg”保存在自己的文件夹中。

自主练习

(1)绘制如图4-45所示的浴缸平面图,并以文件名“4.7浴缸平面图.dwg”保存在自己的文件夹中。

思路分析:先绘制1500×750矩形,并将其向内偏移50;内部矩形右边的两个角点倒角70;绘制R50圆。

技能要点:绘制矩形和圆形,偏移、倒角、临时追踪点的使用(定位圆心)。

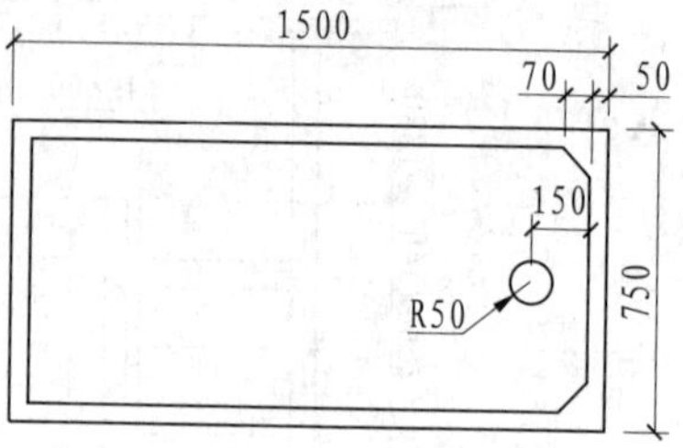

图4-45 浴缸平面图

(2)绘制如图4-46所示图形,并以文件名“4.8图形修改.dwg”保存在自己的文件夹中。

思路分析:

绘制图形:绘制外接圆半径为50的正三角形。使用捕捉中点的方法在其内部绘制另外两个相互内接的三角形,如图4-46(a)所示,绘制大三角形的三条中线。

复制图形:使用“复制”命令向其下方复制一个已经绘制的图形,使用“阵列”命令阵列复制图形。

编辑图形:绘制圆形,并使用“修剪”命令修剪图线,完成作图,如图4-46(b)所示。

技能要点:复制、修剪、阵列、删除。

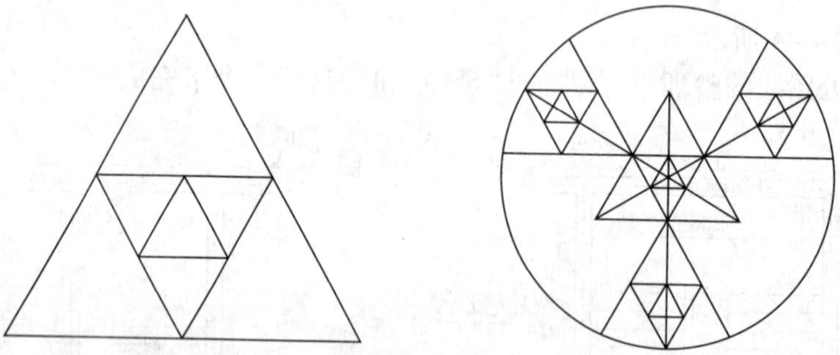

(a)绘制三角形　　(b)完成后的图形

图4-46 图形修改

(3)根据素材库所提供的“圆形.dwg”,绘制如图4-47(d)所示图形,并以文件名“4.9图形修改.dwg”保存在自己的文件夹中。

思路分析:原始图形如图4-47(a)所示,先将两个同心圆旋转45°,如图4-47(b)所示;对图线进行修剪和删除;圆弧打断时,选定对象后选择“第一点(F)”,根据命令行提示,使用“象限点”捕捉,顺时针选择两个象限点,则两个象限点之间的1/4圆弧保留,如图4-47(c)所示;最后将图形阵列,完成图形的绘制。

技能要点:旋转、打断、删除、修剪、阵列等。

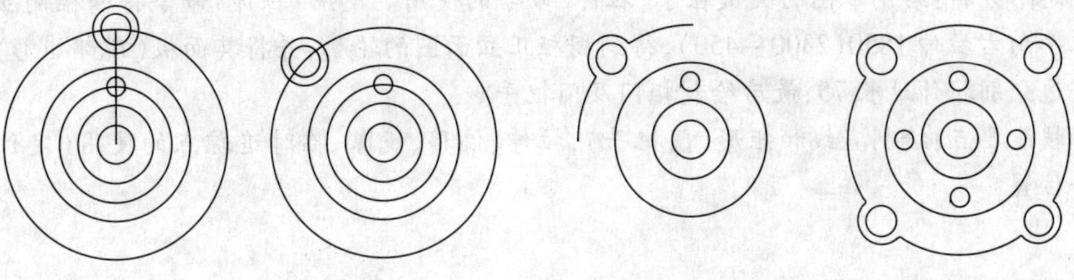

(a)原始图形　(b)旋转对象　(c)打断、删除、修剪　(d)完成后的图形

图 4-47　图形修改

(4)根据素材库所提供的“图形编辑 4. dwg”,绘制如图 4-48(c)所示图形,并以文件名“4.10 图形修改. dwg”保存在自己的文件夹中。

思路分析:原始图形如图 4-48(a)所示,小圆的绘制可使用“阵列”命令;矩形图线的绘制可使用“镜像”命令;最后使用“圆角”命令对三角形倒圆角,圆角半径为 30;调整图形线宽为 0.40 mm,完成作图。

技能要点:阵列、镜像、圆角等。

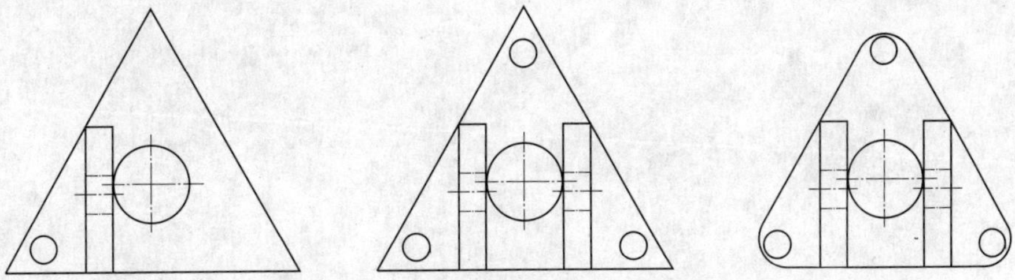

(a)原始图形　(b)阵列、镜像　(c)圆角

图 4-48　图形修改

(5)根据素材库所提供的“橱柜侧立面图. dwg”,绘制如图 4-49 所示的橱柜正立面图,并以文件名“4.11 橱柜正立面图. dwg”保存在自己的文件夹中。

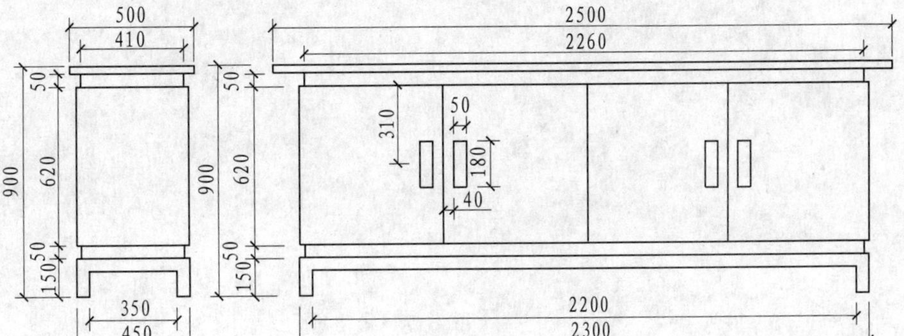

图 4-49　橱柜侧立面图、正立面图

思路分析：绘制本图的关键在于“拉伸”命令的使用。使用“拉伸”命令将橱柜侧立面图水平向右拉伸1850（2300－450），得到橱柜正立面图的轮廓，并将其面板（顶部矩形）的两个边分别拉伸延长75；最后绘制柜门及门把手。

技能要点：绘制直线和矩形（门把手），拉伸、偏移、镜像、临时追踪点的使用（定位门把手位置）。

第五章　文字与表格

文字是工程图纸中必不可少的一部分，比如说明、标题栏、设备名称等，都需要通过创建文字对象来标注。另外，在工程图纸中，材料表、图例表等可以通过创建表格对象来完成。

常用的文字编辑命令都在如图 5-1 所示的“文字”工具栏中。常用的表格编辑命令都在如图 5-2 所示的“表格”工具栏中，该工具栏只有在用户选择需要编辑的单元格后才会出现。

图 5-1　“文字”工具栏

图 5-2　“表格”工具栏

第一节　技能要点

通过实例操作，加深对以下基本操作的理解和应用：

(1)创建文字样式和表格样式。

(2)掌握文字输入方法：单行文字、多行文字。

(3)掌握表格创建方法：从空表格开始、自数据链接等。

(4)文字和表格编辑的方法与技巧。

(5)快捷编辑文字和表格的思想与方法。

第二节　实训指导

任务一：使用“单行文字”标注文字

1. 思路分析

如图 5-3 所示房屋平面图，可使用“单行文字”标注房间功能和门窗名称。在平面图中，窗户均为 C1，可标注一个后，使用“复制”、“旋转”命令完成其他窗户的标注；门的名称也可以先标注一个，然后使用“复制”命令完成复制，再修改文字内容。

2. 操作步骤

(1)打开素材库中的"5.1 房屋平面图.dwg"文件,如图5-3所示。将"文字"图层设为当前层。

(2)设置两种文字样式,如表5-1所示。

表5-1　文字样式说明

样式名称	选择字体	宽度因子	说明
长仿宋体	仿宋_GB2312	0.8	图名、单位
数字和字母	gbeitc.shx + gbcbig.shx	默认	图名、单位以外的其他文字

在"格式"下拉菜单中选择"文字样式"选项,打开"文字样式"对话框,单击"新建"按钮,弹出"新建文字样式"对话框,在"样式名"文本框内输入样式名,单击"确定"按钮,之后按照表5-1的内容进行设置。

(3)单击"文字"工具栏上的按钮A,启动"单行文字"命令。

命令:Dtext

当前文字样式:"Standard",文字高度:2.5000,注释性:否

指定文字的起点或[对正(J)/样式(S)]:S

输入样式名或[?]<Standard>:长仿宋体

当前文字样式:"长仿宋体",文字高度:2.5000,注释性:否

指定文字的起点或[对正(J)/样式(S)]:(在图5-4所示值班室内适当位置单击)

指定高度<2.5000>:350

指定文字的旋转角度<0.0>:↙

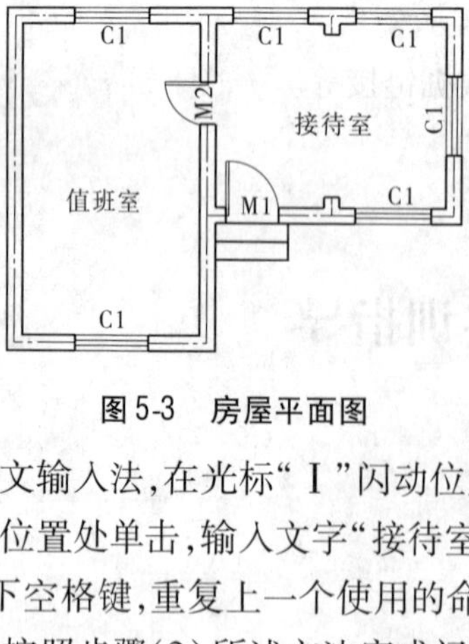

图5-3　房屋平面图

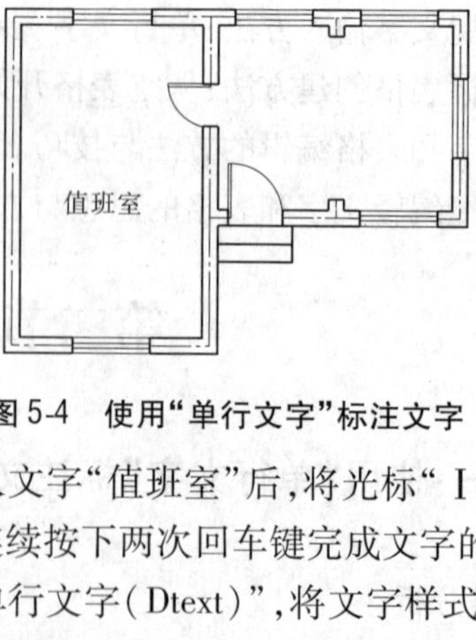

图5-4　使用"单行文字"标注文字

启动中文输入法,在光标"I"闪动位置输入文字"值班室"后,将光标"I"移动到接待室的适当位置处单击,输入文字"接待室"。连续按下两次回车键完成文字的标注。

(4)按下空格键,重复上一个使用的命令"单行文字(Dtext)",将文字样式设置为"数字和字母",按照步骤(2)所述方法完成门M1的标注,如图5-5(a)所示。启动"复制"命令将M1复制到图5-5(a)所示位置,启动"旋转"命令将复制后的文字旋转90°,如图5-5(b)所示,最后双击旋转后的文字,将M1改为M2,完成门的标注,如图5-5(c)

所示。

(5)重复上述操作,标注窗户名称 C1。

(6)保存文件。将图形以文件名“5.1 房屋平面图.dwg”保存在自己的文件夹中。

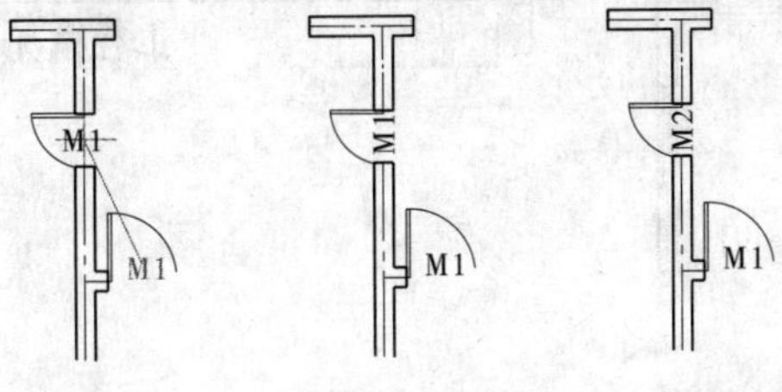

(a)复制文字　　(b)旋转文字　　(c)修改文字

图 5-5　标注 M2

任务二:使用“多行文字”标注文字(如图 5-6 所示)

1. 思路分析

如图 5-6 所示房屋平面图边上的文字标注,可使用“多行文字”命令来完成。

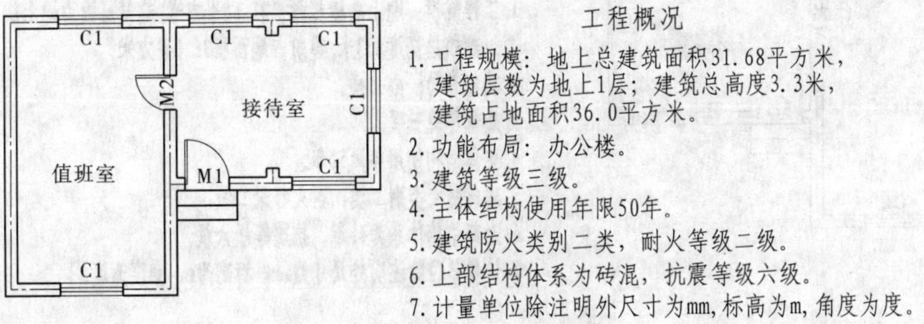

图 5-6　房屋平面图

2. 操作步骤

(1)打开在任务一完成的“5.1 房屋平面图.dwg”文件,如图 5-3 所示。将文字图层设为当前层。

(2)单击“文字”工具栏上的按钮 A,启动“多行文字”命令。指定文本框的两个角点,弹出“文字格式”对话框,如图 5-7 所示。

(3)标注标题。在“文字格式”对话框中,选择文字样式、文字高度、文字对齐方式,如图 5-7 所示,打开输入法,输入文字“工程概况”。

(4)标注正文。在“文字格式”对话框中,选择文字样式、文字高度、文字对齐方式,如图 5-8 所示,打开输入法,输入文字“1. 工程规模……”。

(5)保存文件。

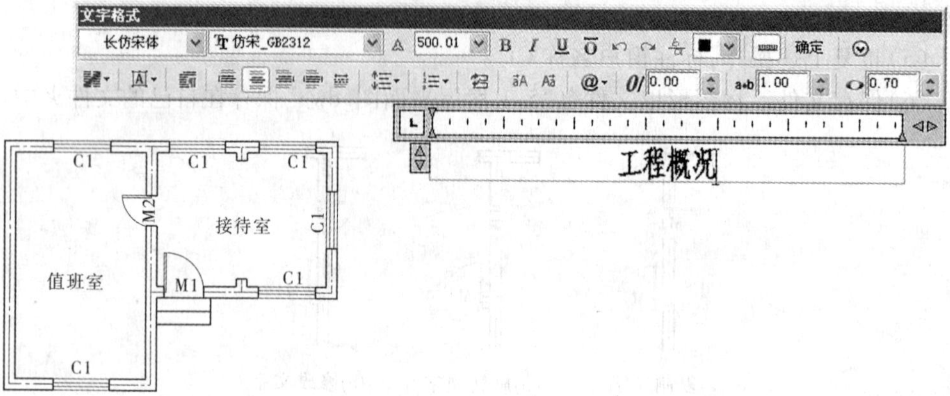

图 5-7　标注标题

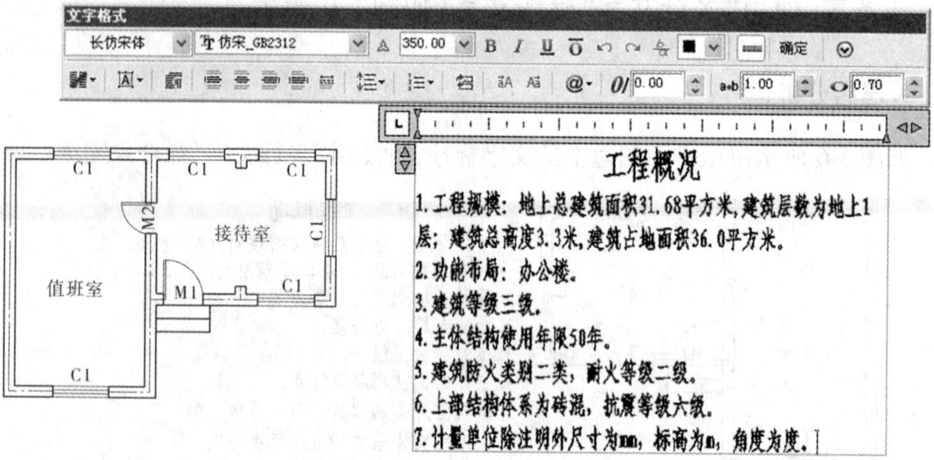

图 5-8　标注正文

任务三：使用文字和表格创建 A4 图框(如图 5-9 所示)

1. 思路分析

使用"矩形"命令绘制图框；使用"创建表格"绘制标题栏，使用"文字"工具填写文字。"列宽"可预先设置，若要重新修改"列宽"，可以通过"特性管理器"来完成，"行高"可按下面两种方法进行设置：

(1)经验法：表格行高 = 2 ×[垂直页边距] + 4/3 ×[文字高度]。

(2)可以先生成表格，再通过"特性管理器"修改表格的高度。表格高度 = 行数 × 行高，行数是确定的，再确定表格高度，就可以准确确定表格行高。

2. 操作步骤

(1)打开素材库中的"土木工程 CAD. dwt"文件。

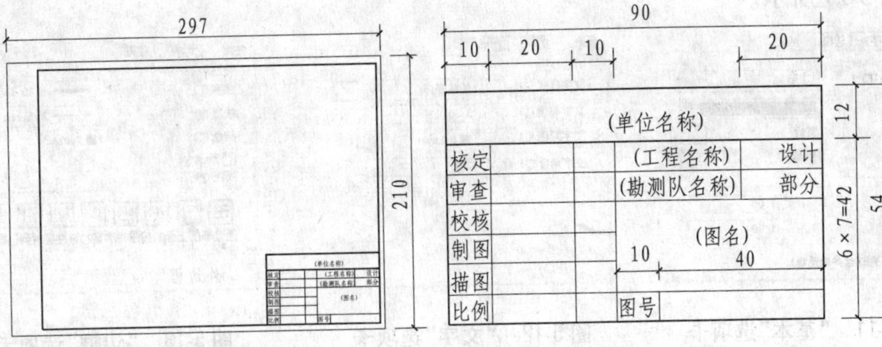

图 5-9　A4 图框

(2)绘制 A4 图框的边界线和图框线。

使用“矩形(Rectang)”命令在“0”层上绘制边界线;在“图框”层上绘制图框线,线宽设置为0.4 mm。

(3)绘制标题栏,如图 5-9 所示。

①点击“绘图”工具栏上的按钮,打开如图 5-10 所示的“插入表格”对话框。

②列和行设置。列和行的参数设置如图 5-10 所示。

③单元样式设置。第二行单元样式改为“表头”,如图 5-10 所示。

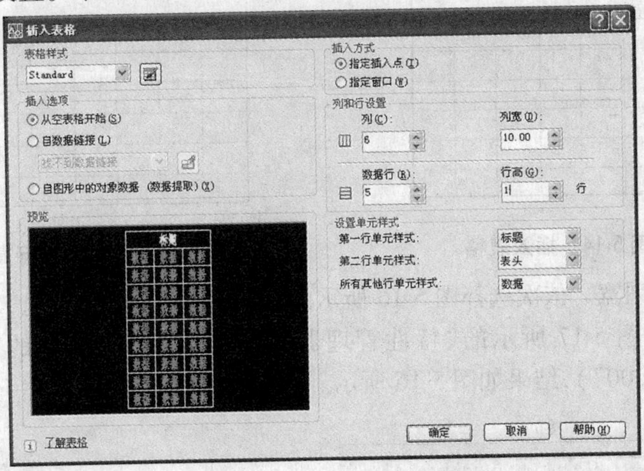

图 5-10　“插入表格”对话框

④设置表格样式。在“表格样式”选项板上单击按钮,启动“表格样式”对话框;在“表格样式”对话框中单击按钮 修改(M)... ,打开“修改表格样式”对话框。

打开“基本”选项卡,将“标题”、“表头”、“数据”三种单元样式的“对齐”方式均设置为“正中”,如图 5-11 所示。

打开“文字”选项卡,将“标题”、“表头”、“数据”三种单元样式的“文字样式”设置为“长仿宋体”,“文字高度”均设置为“3. 50”,如图 5-12 所示。

打开“边框”选项卡,将“标题”、“表头”、“数据”三种单元样式的“线宽”均设置为“0. 40 mm”,并单击选项卡下方的“外边框”按钮,将三种单元样式的外边框设置为粗实线，如图 5-13 所示。

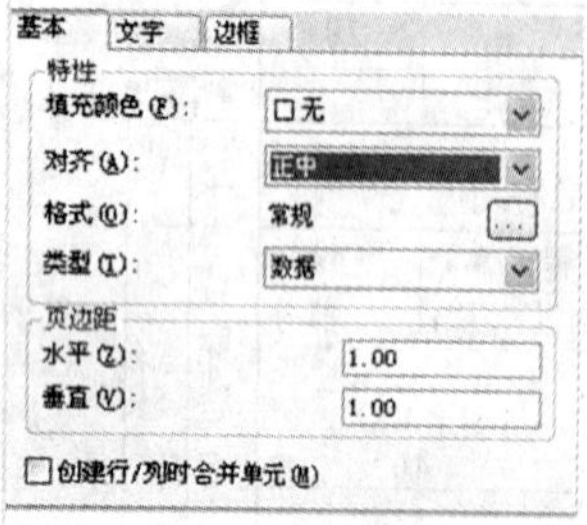

图 5-11 “基本”选项卡

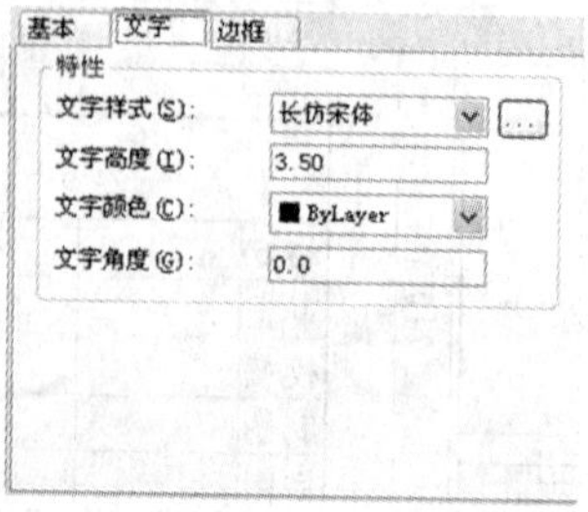

图 5-12 “文字”选项卡

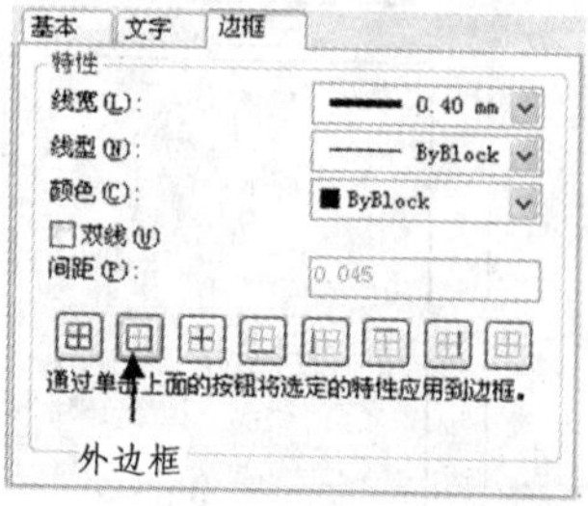

图 5-13 “边框”选项卡

单击“确定”按钮返回“表格样式”对话框，单击“关闭”按钮返回“插入表格”对话框。

⑤在“插入表格”对话框中单击“确定”按钮，根据命令行提示在屏幕上指定一点插入表格，如图 5-14 所示。

⑥修改表格行高。单击选择图 5-14 所示表格，单击“标准”工具栏上的按钮 (或按下 Ctrl + 1 组合键)，打开“特性管理器”，将表格高度由“46.7”改为“49”，则行高自动调整为“7”，如图 5-15 所示。选择如图 5-16 所示的“1”行，将行高由“7”调整为“12”。

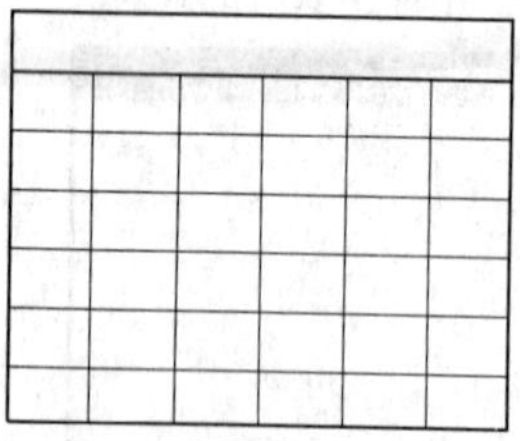

图 5-14 插入表格

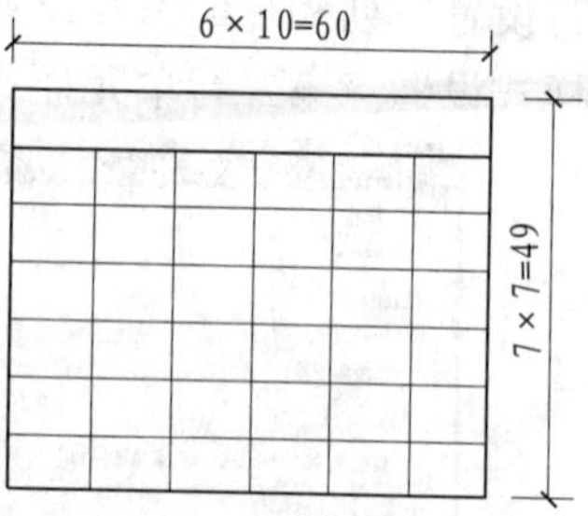

图 5-15 修改表格行高

⑦修改表格列宽。依次选择图 5-16 所示的“1”行、“B”列、“E”列、“F”列，打开“特性管理器”，调整如图 5-17 所示的“特性管理器”中“单元”选项组上的“单元宽度”(由“10.00”改为“20.00”)，结果如图 5-16 所示。

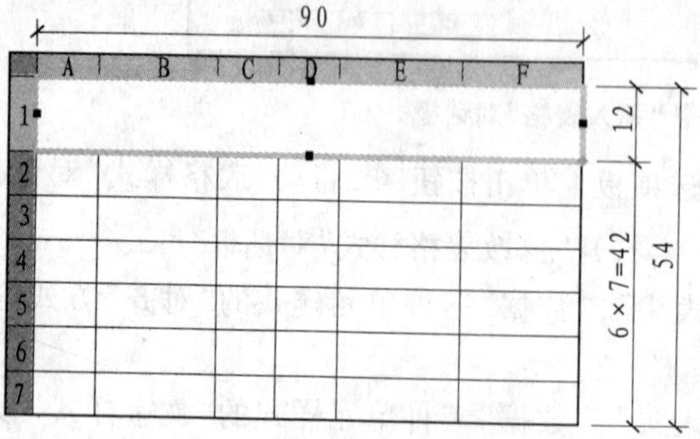

图 5-16 修改行高、列宽

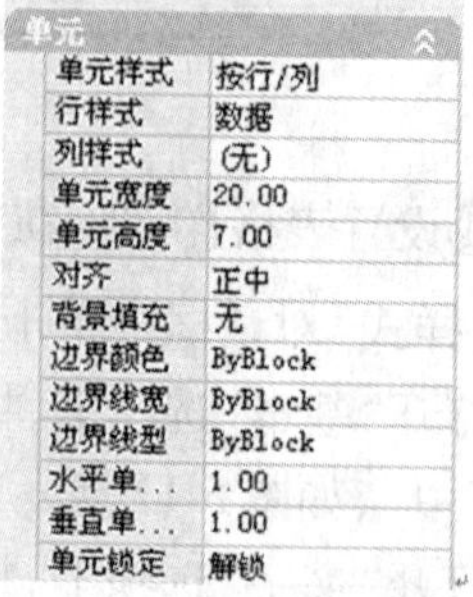

图 5-17 特性管理器

⑧合并单元格。依次选择如图 5-18 所示的“D4：F6”单元、“E7：F7”单元，在弹出的

“表格”工具栏上单击按钮▦▾，在下拉列表中选择“全部”，完成所选单元的合并，如图 5-18所示。

⑨输入文字。在相应的单元格中双击鼠标，则单元格进入文字编辑状态，绘图窗口中会出现“文字格式”工具栏，如图 5-19 所示。在各单元格中依次输入文字，结果如图 5-9 所示。

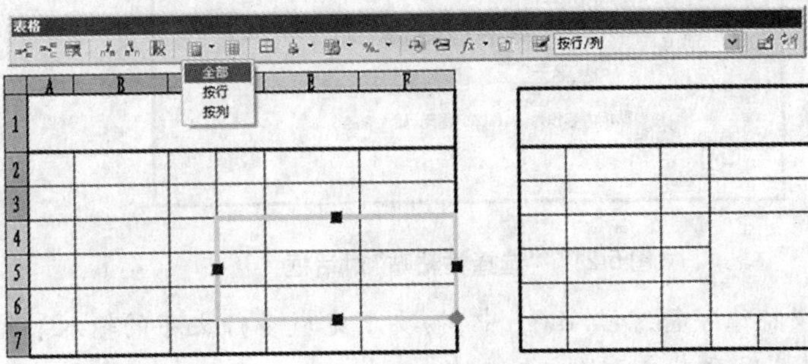

图 5-18　合并单元格

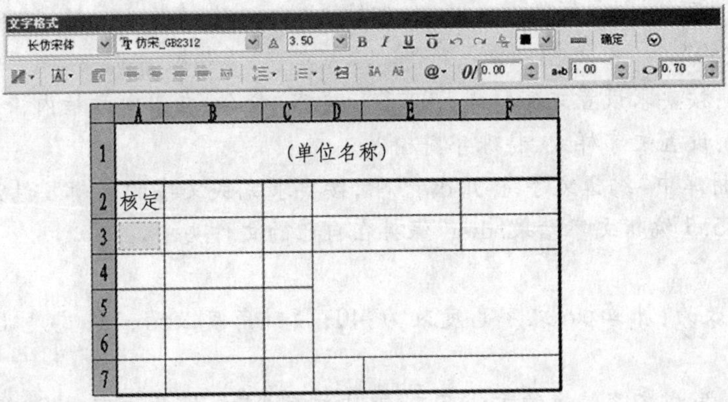

图 5-19　输入文字

(4)移动标题栏。将标题列移动到已绘制好的 A4 图框中，如图 5-9 所示。

(5)保存文件。将图形以文件名“5.2 A4 图框. dwg”保存在自己的文件夹中。

自主练习

(1)把素材库中“文字内容. doc”中的文字内容粘贴到 AutoCAD 中，保持文字格式不变，并且可以编辑。结果如图 5-20 所示，以文件名“5.3 Word 文字粘贴. dwg”保存在自己的文件夹中。

铝材料密度：$\rho = 2.78 \times 10^3$ kg/m^3

图 5-20　文字粘贴

思路分析：要将 Word 中的文字复制到 AutoCAD 中，可在 Word 中将文字复制。启动 AutoCAD，在“编辑”下拉菜单中选择“选择性粘贴”，弹出如图 5-21 所示的“选择性粘贴”

对话框，选择作为“AutoCAD 图元”粘贴选项，在屏幕上指定文字标注位置即可。

技能要点：从 Word 中导入 AutoCAD 文字内容。

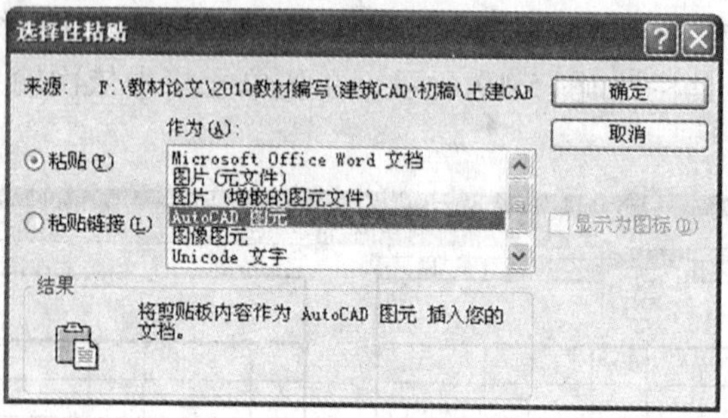

图 5-21 “选择性粘贴”对话框

(2)在素材库中“特殊字符练习.dwg”中，按要求完成多行文字的输入。结果以文件名“5.4 特殊字符.dwg”保存在自己的文件夹中。

要求：

对正方式：正中；文字样式：Standard，字体：gbeitc.shx + gbcbig.shx；高度：10；文字内容：A30，±50，30°。

思路分析：按要求设置文字样式，用“多行文字”命令，在图中方框内输入文字。

技能要点：设置文字样式、特殊字符输入。

(3)在素材库中“编辑文字练习.dwg”中，按要求完成文字的编辑。结果如图 5-22 所示，以文件名“5.5 编辑文字结果.dwg”保存在自己的文件夹中。

要求：

文字内容改为：计算机；文字高度改为：40；倾斜角度改为：15；宽度比例因子改为：1.0。

思路分析：完成文字编辑的方法有二：双击文字，直接修改文字内容，退出文字编辑；也可以单击选中文字，在“标准”工具栏上单击“特性”按钮，在“特性管理器”中修改相应的项目，修改完后，关闭“特性管理器”，按 Esc 键，取消夹点。

技能要点：文字编辑。

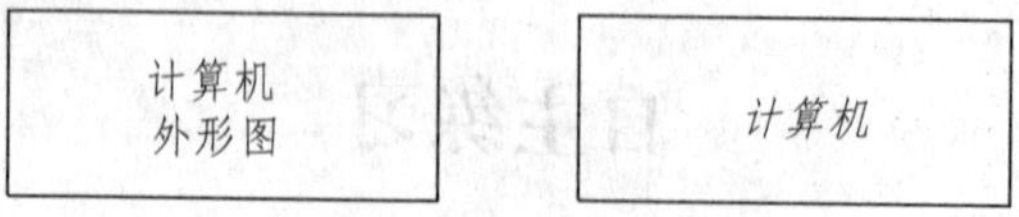

图 5-22 编辑文字

(4)打开素材库中“表格练习.dwg”文件，按图 5-23(c)所示的尺寸完成表格的绘制。结果如图 5-23(b)所示，以文件名“5.6 梁配筋图.dwg”保存在自己的文件夹中。

思路分析：方法同上题。表格中的图例，可以在表格上的相应单元格内直接绘制，也可以创建成图块后插入到相应的单元格。

技能要点：表格的创建及修改。

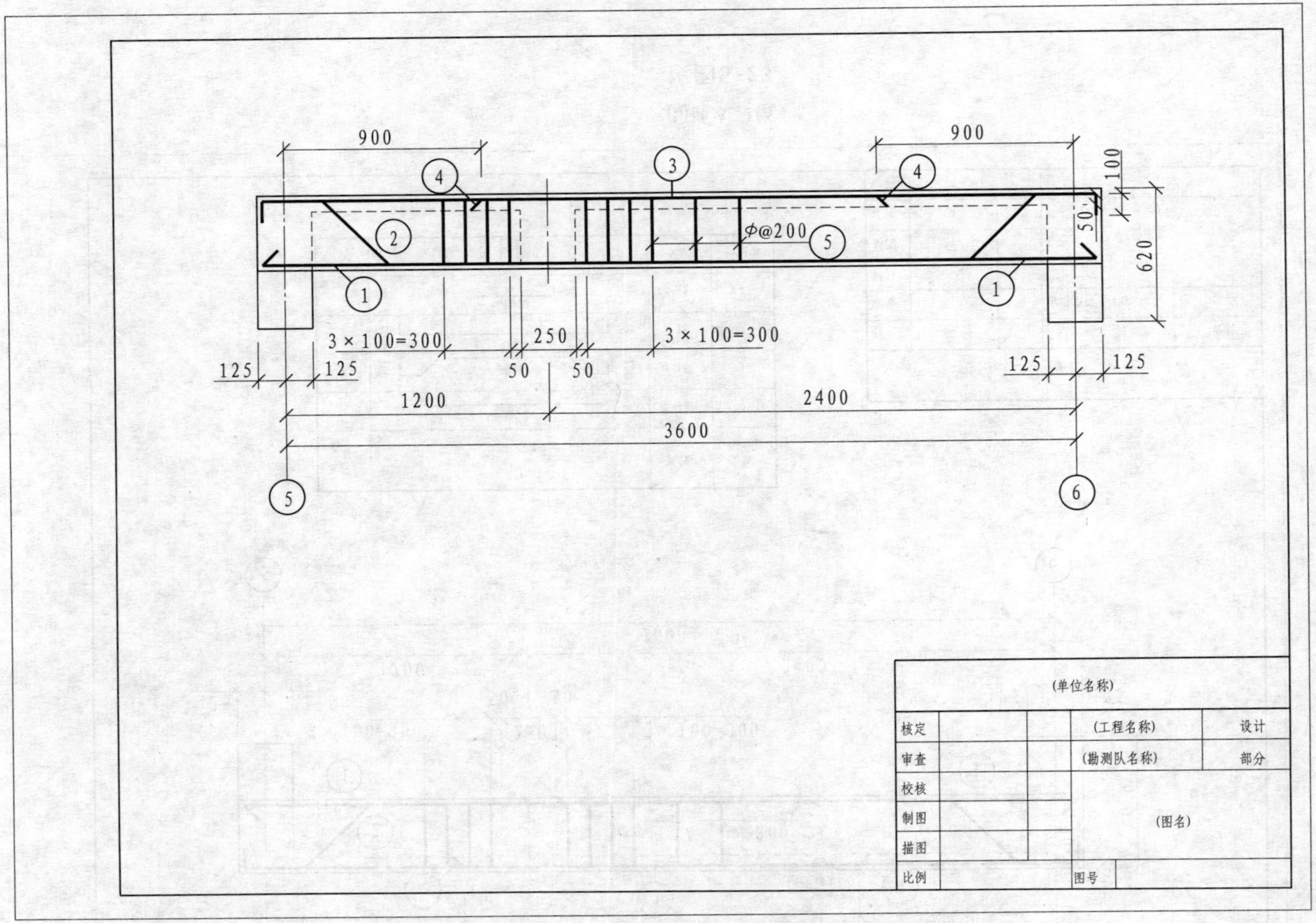

(a)素材库中的图形

图5-23 绘制表格

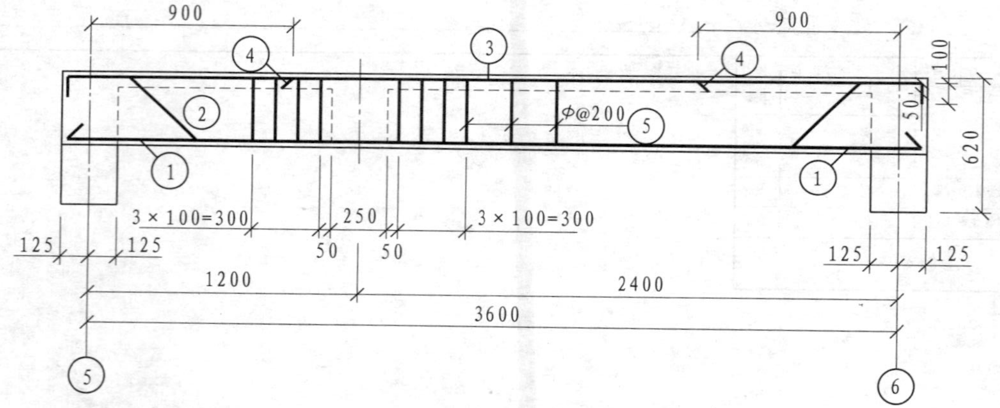

钢筋编号	钢筋简图	直径	根数
1	3800	Φ 16	2
2	100 275 423 2650 423 275 100	Φ 16	1
3	100 3800 100	Φ 16	2
4	1000 100	Φ 18	4
5	250 300 200 250	Φ 6	20

(单位名称)				
核定			(工程名称)	设计
审查			(勘测队名称)	部分
校核			(图名)	
制图				
描图				
比例		图号		

(b)插入表格

续图5-23

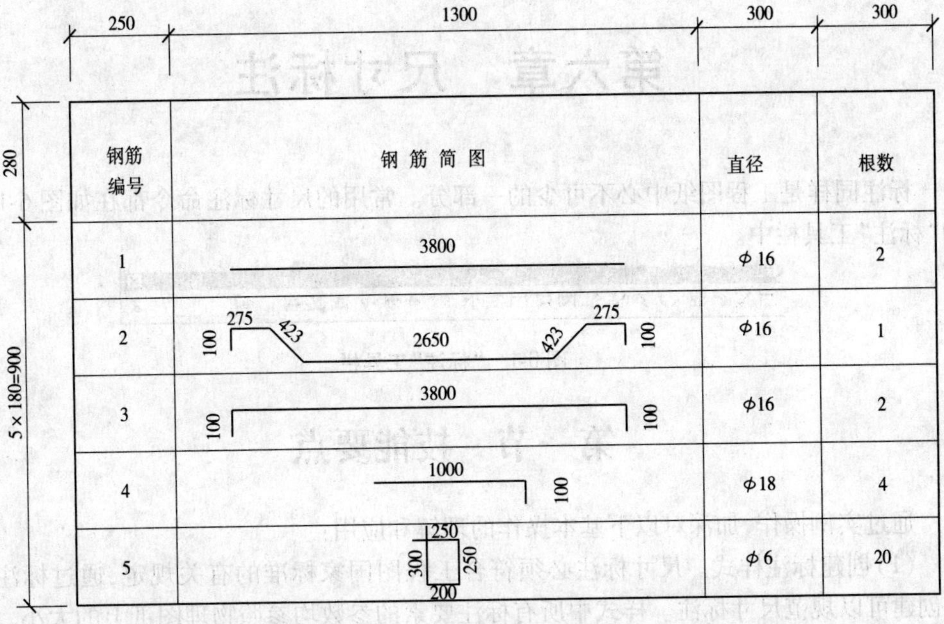
250
1300
300
300
280
5×180=900
钢筋编号
钢 筋 简 图
直径
根数
1
3800
φ16
2
2
275
423
2650
423
275
100
100
φ16
1
3
3800
100
100
φ16
2
4
1000
100
φ18
4
5
250
300
250
200
φ6
20

(c)表格大小

续图 5-23

第六章　尺寸标注

标注同样是工程图纸中必不可少的一部分。常用的尺寸标注命令都在如图 6-1 所示的“标注”工具栏中。

图 6-1　“标注”工具栏

第一节　技能要点

通过实例操作，加深对以下基本操作的理解和应用：

(1)创建标注样式。尺寸标注必须符合工程图国家标准的有关规定，通过标注样式的创建可以规范尺寸标注。样式中所有标注要素的参数均参照物理图纸上的大小。

(2)掌握标注特征比例的确定。用户一般按照 1:1的比例绘图，在标注尺寸时往往要调整标注的特征比例，使得标注尺寸的大小能够与图形大小相适应。在模型空间中标注尺寸时，可选择“使用全局比例”，数值大小一般取打印比例的倒数；在图纸空间中标注尺寸时，可选择“按布局缩放标注”。

(3)掌握常用尺寸标注的方法：线性、半径、直径、对齐、角度、连续、基线等。

(4)掌握常用尺寸标注的修改方法。

第二节　实训指导

任务一：创建标注样式

新建标注样式，标注如图 6-2 所示的涵洞的尺寸。

1. 思路分析

先根据要求启动“标注样式管理器”新建标注样式；使用“标注”工具栏的“线性”工具标注水平和竖直方向的线性尺寸(500、900、1200、1600、2500、3500、4500)，其中竖直方向的线性尺寸可以使用“连续”标注；使用“标注”工具栏的“半径”工具标注圆弧半径(R800、R1200、R1450)；使用“标注”工具栏的“折弯”工具标注大半径圆弧尺寸(R3500、R4000)；坡度的标注可以使用“单行文字”命令来完成。

2. 操作步骤

(1)打开素材库中的“涵洞. dwg”文件，如图 6-2 所示。

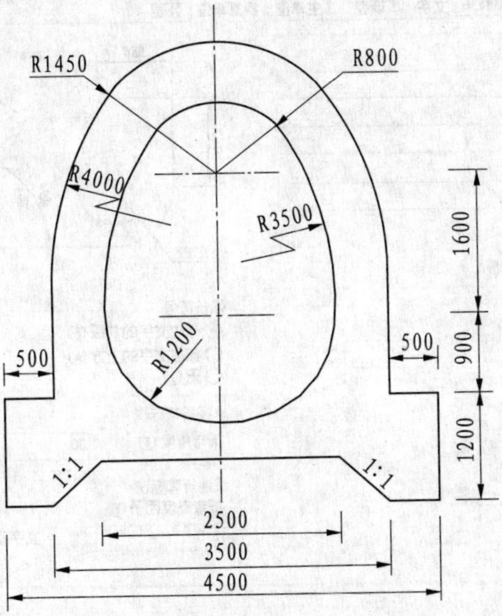

图 6-2　涵洞的尺寸

(2)创建标注样式“涵洞”。在“标注”工具栏上单击按钮，弹出“标注样式管理器”对话框。单击“新建”按钮，弹出“创建新标注样式”对话框，输入新样式名“涵洞”，基础样式为“ISO－25”，选择用于“所有标注”。单击“继续”按钮，弹出“新建标注样式”对话框，设置如下。

①“线”选项卡：尺寸线“基线间距”取值 8，尺寸界线“超出尺寸线”取值 2，“起点偏移量”取值 3，如图 6-3 所示。

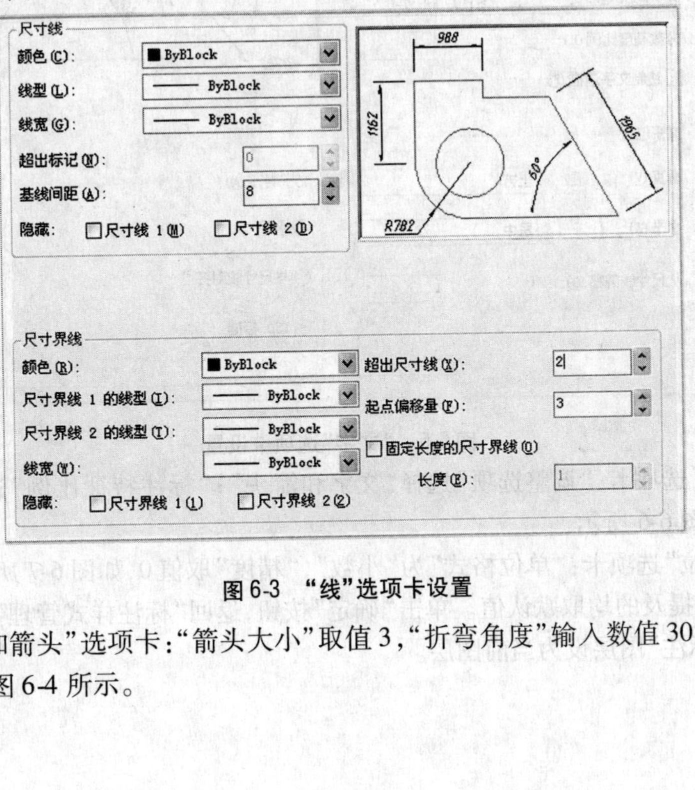

图 6-3　“线”选项卡设置

②“符号和箭头”选项卡：“箭头大小”取值 3，“折弯角度”输入数值 30，“折弯高度因子”为 1.5，如图 6-4 所示。

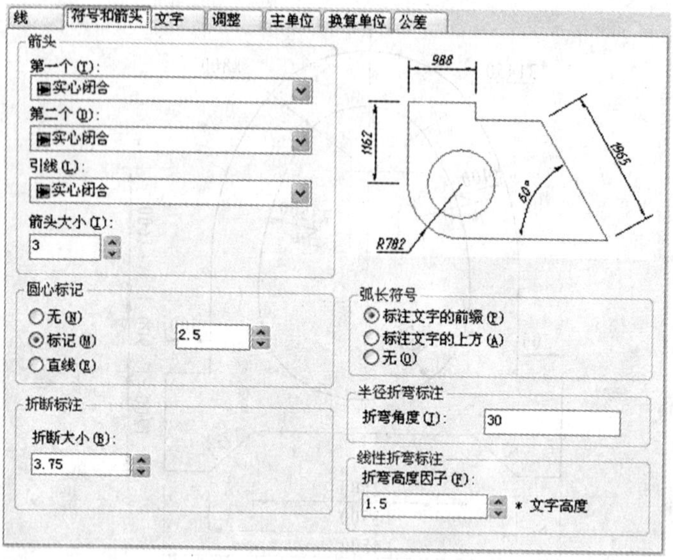

图 6-4 “符号和箭头”选项卡设置

③“文字”选项卡:“文字样式”选择“数字和字母”;“文字高度”取值 3.5,“文字对齐”方式为“ISO 标准”,如图 6-5 所示。

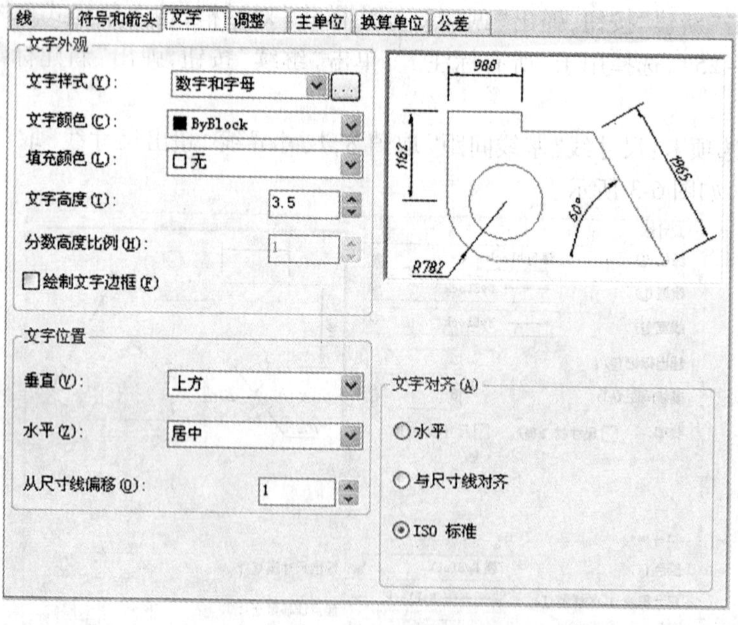

图 6-5 “文字”选项卡设置

④“调整”选项卡:“调整选项”选择“文字和箭头”;“标注特征比例”选择“使用全局比例:50”,如图 6-6 所示。

⑤“主单位”选项卡:“单位格式”为“小数”,“精度”取值 0,如图 6-7 所示。

⑥其余未提及的均取默认值。单击“确定”按钮,返回“标注样式管理器”对话框。

(3)将“标注”图层设为当前图层。

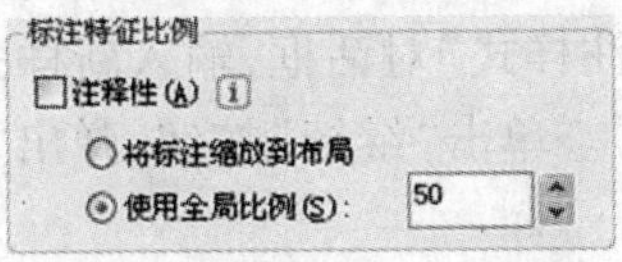

图 6-6　标注全局比例设置

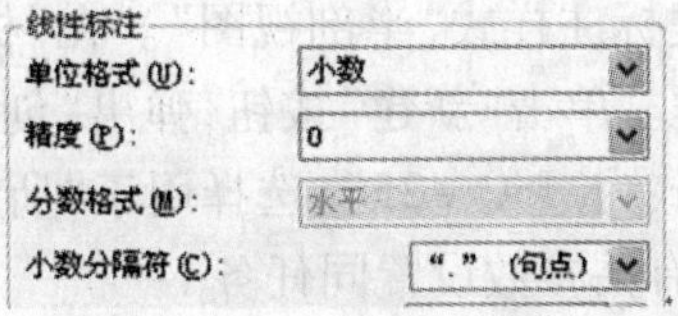

图 6-7　主单位设置

(4)标注线性尺寸。单击“标注”工具栏上的按钮，启动“线性”标注。

①标注水平线性尺寸。依次选择尺寸界线的起点和终点，指定尺寸线位置，完成水平线性尺寸的标注，如图 6-2 所示。

②标注竖直线性尺寸。依次选择尺寸界线的起点和终点，指定尺寸线位置，先完成“1200”的标注；单击“标注”工具栏上的按钮，启动“连续”标注，依次指定下一个尺寸标注的终点，完成“900、1600”两个尺寸的标注，如图 6-2 所示。

(5)标注半径。单击“标注”工具栏上的按钮，启动“半径”标注。在目标圆弧上单击，移动鼠标指定合适的尺寸线位置，完成圆弧“R1450、R1200、R800”的标注，如图 6-2 所示。

(6)标注折弯。单击“标注”工具栏上的按钮，启动“折弯”标注，完成标注如图 6-2 所示。

命令：Dimjogged

选择圆弧或圆：(选取目标圆弧)

指定图示中心位置：(选取图中合适的点，以确定折弯的起点)

标注文字 =4000

指定尺寸线位置或[多行文字(M)/文字(T)/角度(A)]：(移动鼠标确定合适位置)

指定折弯位置：(移动鼠标确定折弯的位置)

(7)标注斜坡的坡度(1∶1)。单击“文字”工具栏上的按钮，启动“单行文字”命令，指定文字样式为“数字和字母”，高度为“200”，角度分别为“45”和“-45”，在图 6-2 所示的位置标注坡度。

(8)保存文件。将图形以文件名“6.1 涵洞.dwg”保存在自己的文件夹中。

任务二：标注剖视图

标注如图 6-8 所示的半剖视图。

1. 思路分析

设置合适的标注样式；使用“标注”工具栏的“线性”工具标注水平和竖直方向的线性尺寸，其中竖直方向的线性尺寸可以使用“基线”标注；使用“标注”工具栏的“半径”工具标注圆弧半径；直径标注ϕ可以在线性标注后通过“文字编辑(Ddedit)”命令添加；ϕ10 和ϕ20 左边的箭头与尺寸界线可以使用“特性管理器”关闭。

2. 操作步骤

(1)打开素材库中的“半剖视图.dwg”文件，如图 6-8 所示(无标注)。

(2)创建标注样式“半剖视图”。在“标注”工具栏上单击按钮，弹出“标注样式管理器”对话框。单击“新建”按钮，弹出“创建新标注样式”对话框，输入新样式名“半剖视图”，基础样式为“ISO－25”，选择用于“所有标注”。单击“继续”按钮，弹出“新建标注样式”对话框，有关参数设置同任务一。

(3)将“标注”图层设为当前图层。

(4)标注线性尺寸。单击“标注”工具栏上的按钮，启动“线性”标注。

①标注水平线性尺寸。依次选择尺寸界线的起点和终点，指定尺寸线位置，完成水平线性尺寸的标注，如图 6-8 所示。

②标注竖直线性尺寸。选择尺寸界线的起点和终点，指定尺寸线位置，先完成“18”的标注；单击“标注”工具栏上的按钮，启动“基线”标注，指定下一个尺寸“28”标注的终点，完成标注如图 6-8 所示。

(5)标注半径。单击“标注”工具栏上的按钮，启动“半径”标注。在俯视图的目标圆弧上单击，移动鼠标指定合适的尺寸线位置，完成圆弧“R4”的标注，如图 6-8 所示。

(6)修改尺寸。

①添加前缀“ϕ”。在主视图中，“10、20、26”三个尺寸属于直径标注，应添加前缀“ϕ”。单击“文字”工具栏上的按钮，启动文字“编辑”命令，依次单击“10、20、26”三个尺寸标注的文字，在弹出的“文字格式”对话框中，将鼠标移动到文字前面，添加ϕ(%%c)，结果如图 6-9 所示。

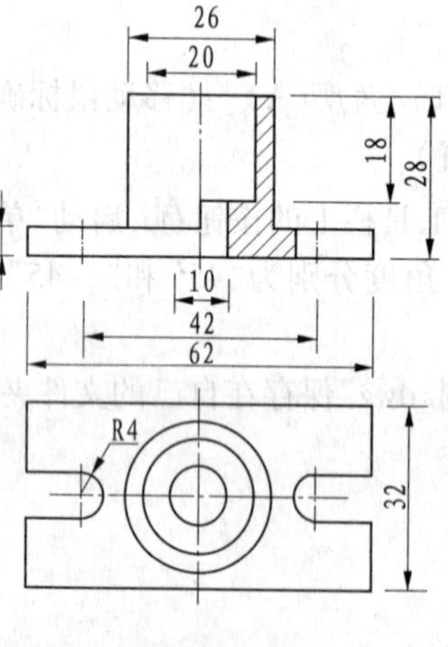

图 6-8　标注半剖视图

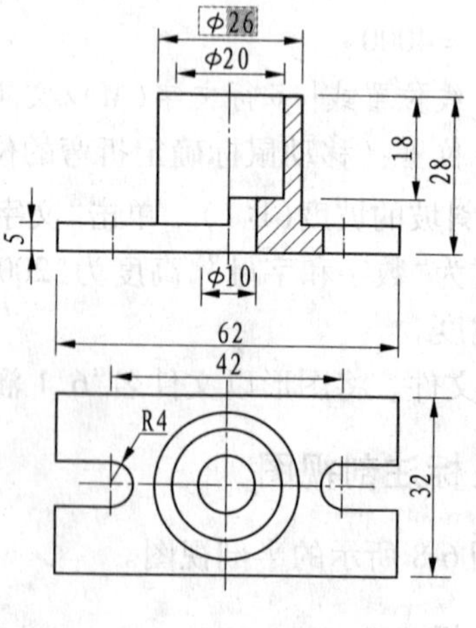

图 6-9　添加前缀ϕ

②隐藏ϕ10 和ϕ20 左边的箭头与尺寸界线。先选择尺寸标注“ϕ20”，按下组合键 Ctrl＋1，打开“特性管理器”，在如图 6-10 所示的“直线和箭头”选项组中将尺寸线 2 和尺寸界线 2 都设置为“关”，结果如图 6-11 所示。

单击“标准”工具栏上的按钮，启动“特性匹配”(即格式刷)，根据命令行提示，先选择尺寸标注“ϕ20”为源对象，再选择尺寸标注“ϕ10”为目标对象，完成特性匹配，将尺寸标注“ϕ10”左边的箭头和尺寸界线隐藏，结果如图 6-12 所示。

(7)保存文件。将图形以文件名“6.2 半剖视图.dwg”保存在自己的文件夹中。

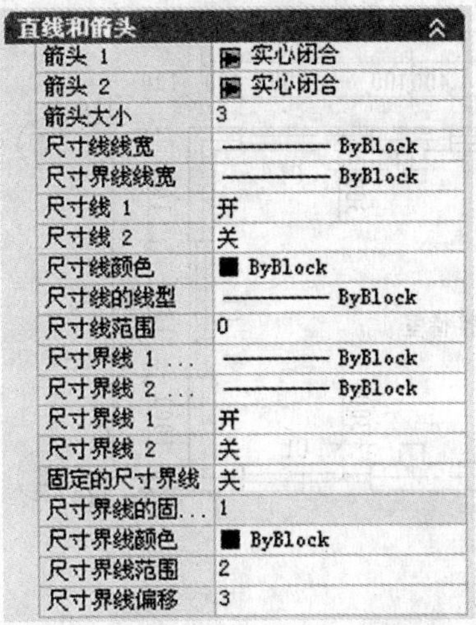

直线和箭头	
箭头 1	实心闭合
箭头 2	实心闭合
箭头大小	3
尺寸线线宽	ByBlock
尺寸界线线宽	ByBlock
尺寸线 1	开
尺寸线 2	关
尺寸线颜色	ByBlock
尺寸线的线型	ByBlock
尺寸线范围	0
尺寸界线 1 ...	ByBlock
尺寸界线 2 ...	ByBlock
尺寸界线 1	开
尺寸界线 2	关
固定的尺寸界线	关
尺寸界线的固...	1
尺寸界线颜色	ByBlock
尺寸界线范围	2
尺寸界线偏移	3

图 6-10 “直线和箭头”选项组

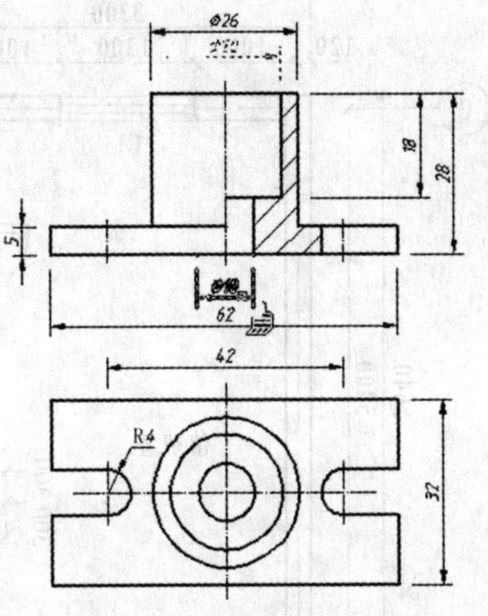

图 6-11 隐藏箭头和尺寸界线

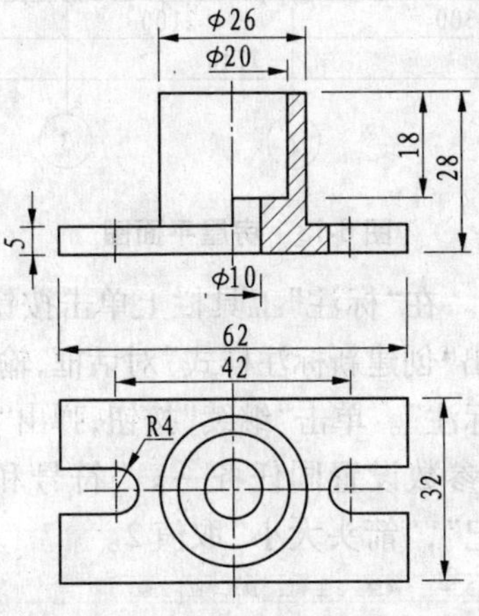

图 6-12 半剖视图标注结果

任务三:标注房屋平面图

标注如图 6-13 所示的房屋平面图。

1. 思路分析

设置合适的标注样式;使用“标注”工具栏的“线性”、“连续”等工具标注水平和竖直方向的线性尺寸;对于具有对称性的尺寸标注,一样可以用“镜像”命令进行复制;小尺寸文字和其他尺寸文字或图线重叠时,可以单击右键,利用弹出的快捷菜单调整其位置。

2. 操作步骤

(1)打开素材库中的“3. 3 房屋平面图尺寸标注. dwg”文件,如图 6-13 所示(无标注)。

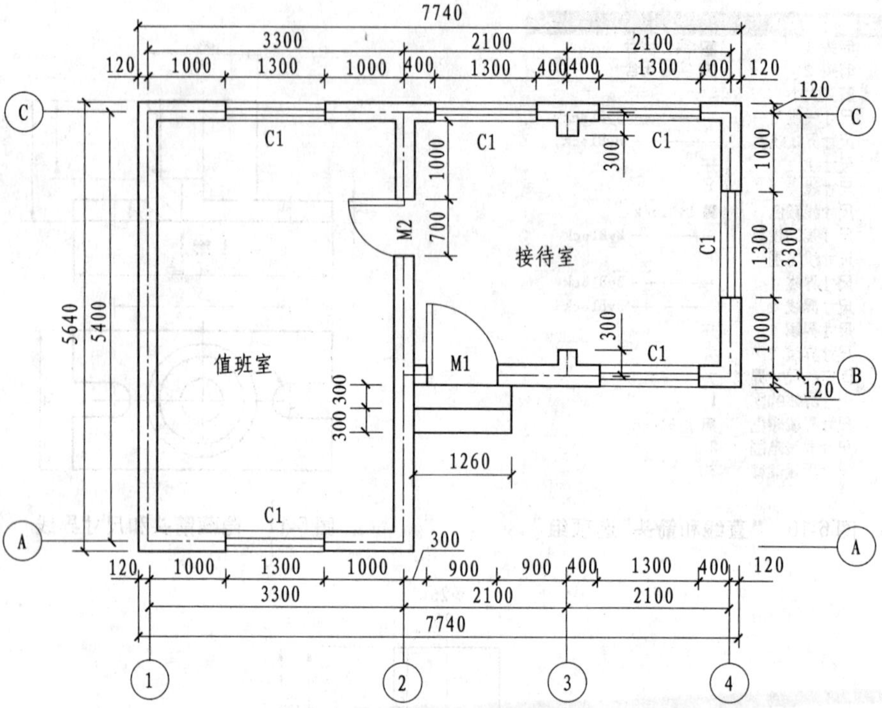

图 6-13 房屋平面图

（2）创建标注样式“建筑”。在“标注”工具栏上单击按钮，弹出“标注样式管理器”对话框。单击“新建”按钮，弹出“创建新标注样式”对话框，输入新样式名“建筑”，基础样式为“ISO－25”，选择用于“所有标注”。单击“继续”按钮，弹出“新建标注样式”对话框。

除“符号和箭头”外，其他参数设置同任务一。“符号和箭头”选项卡设置如图 6-14 所示，“箭头”形式为“建筑标记”，“箭头大小”取值 2。

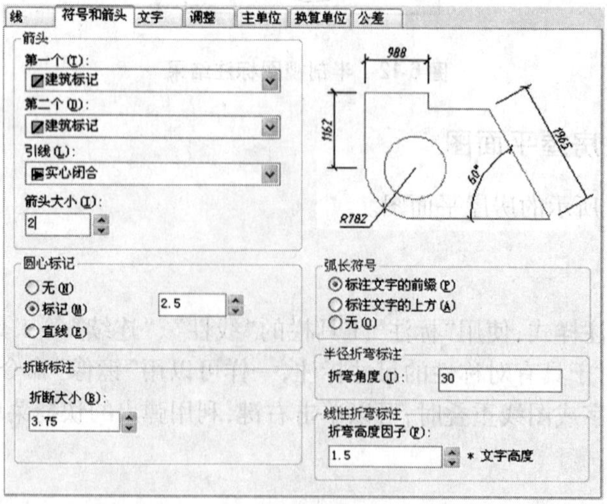

图 6-14 “符号和箭头”选项卡设置

(3)将“标注”图层设为当前图层。

(4)标注上开间尺寸。

①单击“标注”工具栏上的按钮⊢⊣,启动“线性”标注,先标注最左边的尺寸“120”,然后单击“标注”工具栏上的按钮⊢⊢⊣,启动“连续”标注,依次指定下一个尺寸标注的终点(如图6-15所示),完成后续尺寸的标注,结果如图6-16所示。

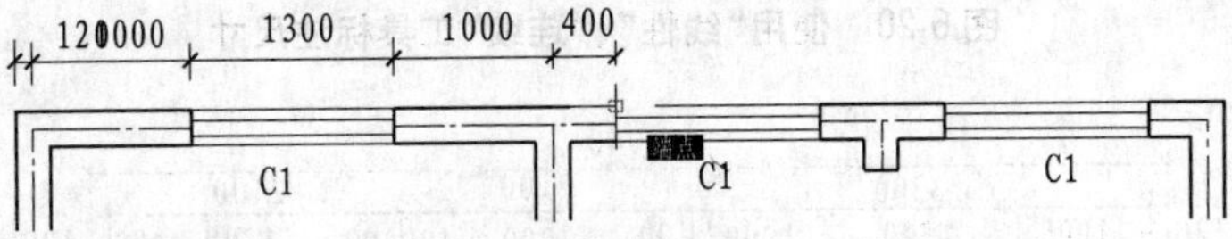

图6-15　使用“连续”标注

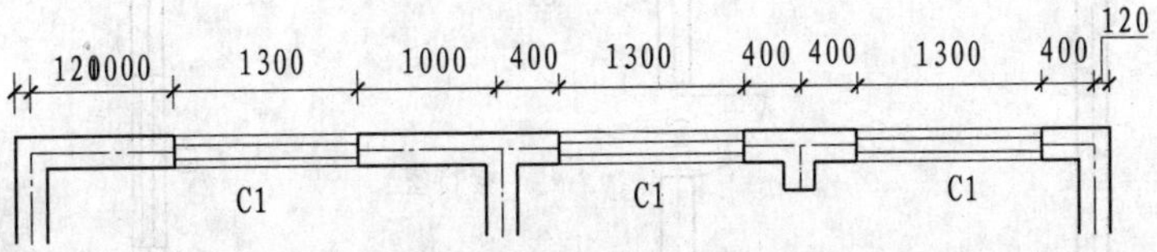

图6-16　连续标注结果

②小尺寸文字重叠调整。在已经标注的尺寸中,最左边的尺寸“120”与“1000”重叠,需要调整位置。点击尺寸“120”,单击右键,在弹出的快捷菜单中,选择“标注文字位置”的“与引线一起移动”选项,如图6-17所示;然后移动鼠标,将尺寸“120”的文字调整到如图6-18所示的位置。同法,调整最右边的尺寸“120”,如图6-18所示。完整的开间尺寸如图6-19所示。

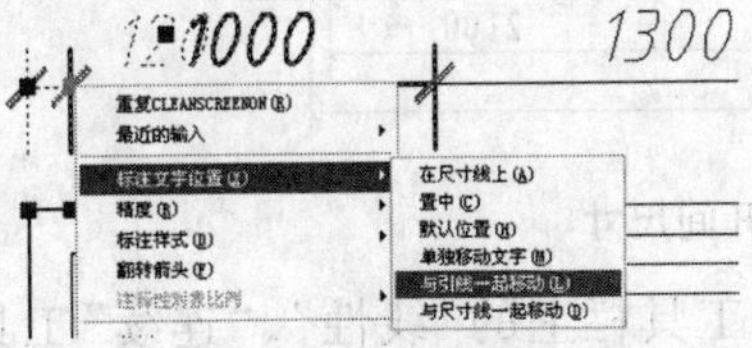

图6-17　“标注文字位置”快捷菜单

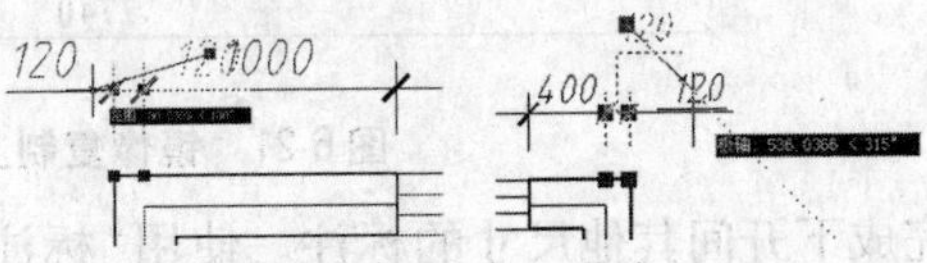

图6-18　调整文字的位置

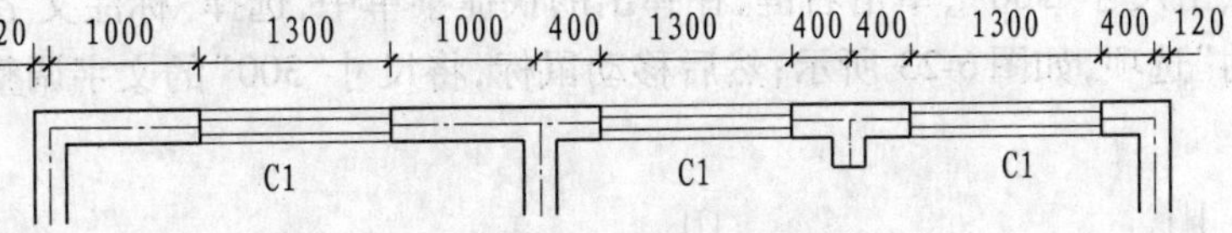

图6-19　文字位置调整后的尺寸

③单击“标注”工具栏上的按钮⊢⊣,启动“线性”和“连续”标注,完成上开间外围两道尺寸(3300、2100、2100、7740)的标注,结果如图6-20所示。

(5)标注下开间尺寸。

①镜像操作。下开间尺寸标注与上开间尺寸标注大部分相同,可使用“镜像(Mirror)”命令将相同的尺寸标注复制,根据命令行提示,选择如图6-21所示的标注,选择过墙线中点M的水平镜像线,结果如图6-21所示。

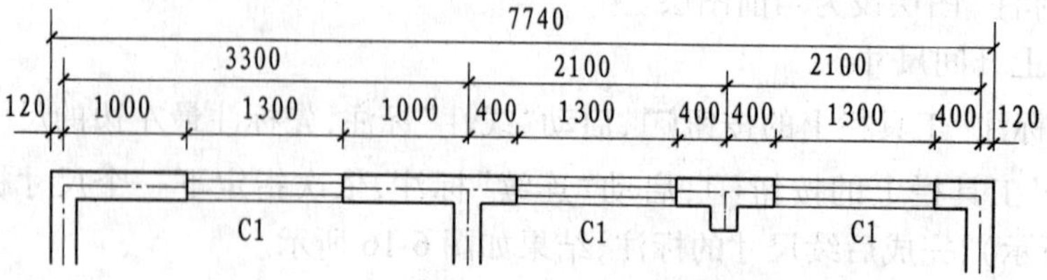

图 6-20 使用"线性"、"连续"工具标注尺寸

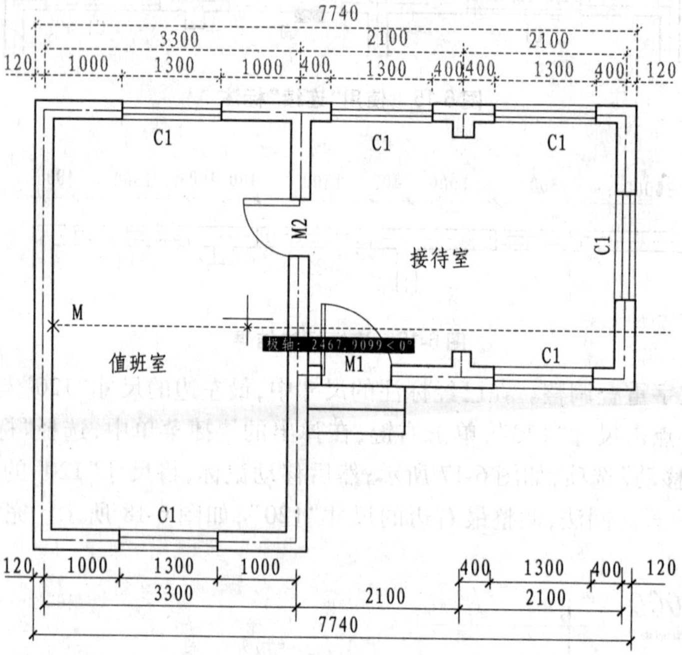

图 6-21 镜像复制上开间尺寸

②完成下开间其他尺寸的标注。使用"标注"工具栏上的"线性"、"连续"工具标注余下的"300、900、900"三个尺寸。此时，文字"300"与"900"重叠(如图 6-22 所示)，需要调整位置。点击尺寸"300"，单击右键，在弹出的快捷菜单中，选择"标注文字位置"的"与引线一起移动"选项，如图 6-23 所示；然后移动鼠标，将尺寸"300"的文字调整到如图 6-24 所示的位置。

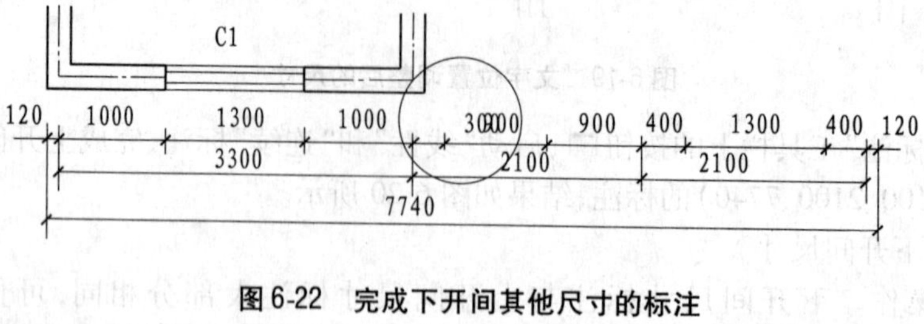

图 6-22 完成下开间其他尺寸的标注

(6)标注右进深尺寸。

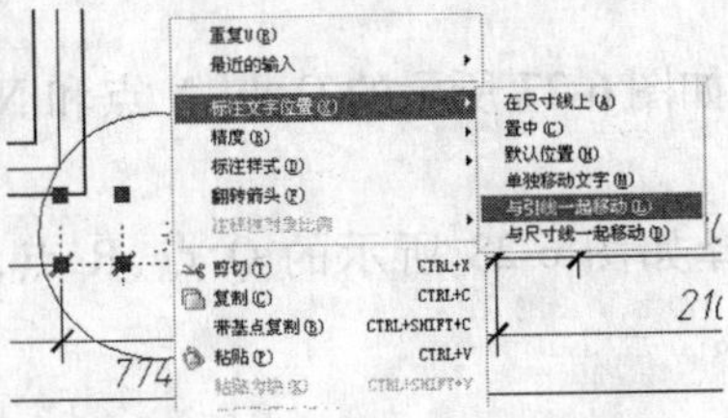

图 6-23　选择文字“与引线一起移动”

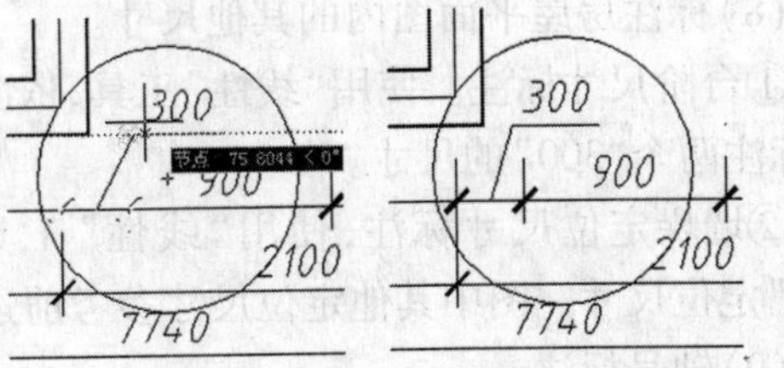

图 6-24　单击文字夹点移动文字位置

使用“线性”、“连续”工具标注右进深尺寸(由上至下)“120、1000、1300、3300”,并调整重叠文字,如图 6-25 所示。右进深最下边的“1000、120”尺寸标注可使用“镜像(Mirror)”命令,将已经标注好的上边的“120、1000”复制,如图 6-26 所示。

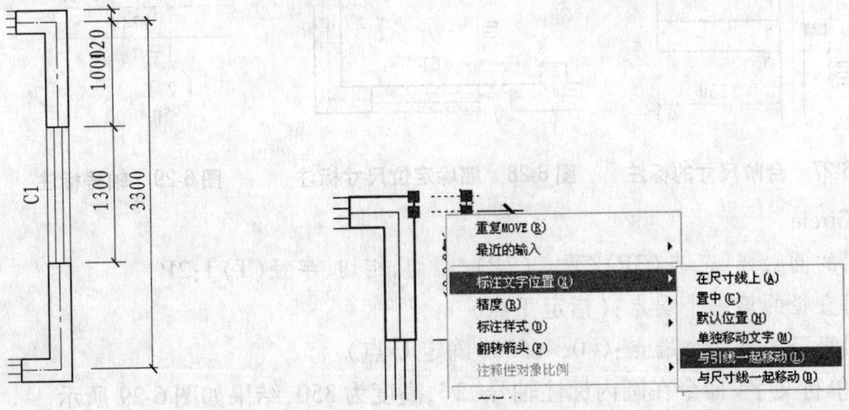

图 6-25　使用“线性”、“连续”工具标注右进深尺寸并调整重叠文字

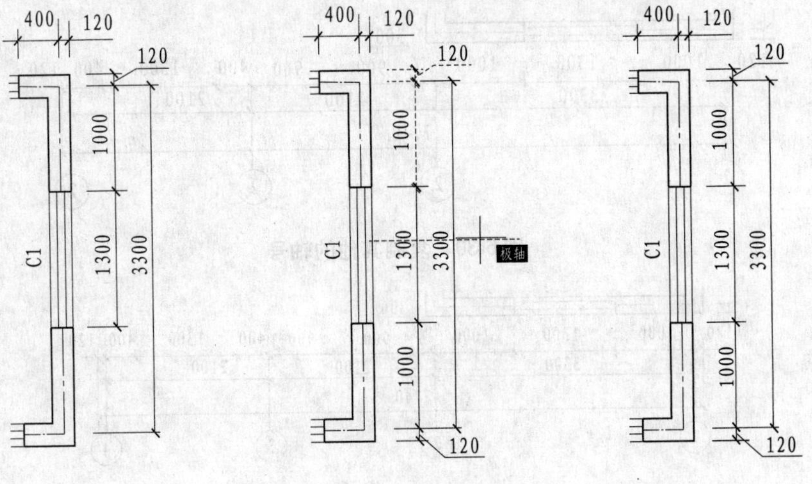

图 6-26　使用“镜像”复制完成右进深尺寸的标注

(7)标注左进深尺寸。使用“线性”工具标注左进深尺寸“5400、5640”,如图 6-13 所示。

(8)标注房屋平面图内的其他尺寸。

①台阶尺寸标注。使用“线性”工具,依次选择如图 6-27 所示的 O 点、N 点和 N 点、P 点,标注两个“300”的尺寸。

②墙垛定位尺寸标注,使用“线性”工具,选择如图 6-28 所示的 Q 点、R 点,标注“300”定位尺寸。图中其他定位尺寸参考前述过程。

(9)轴号标注。

①绘制轴号图例。以②轴为例,如图 6-29 所示,先绘制直线 ST,长度为 1300。绘制圆ϕ500 的操作如下:

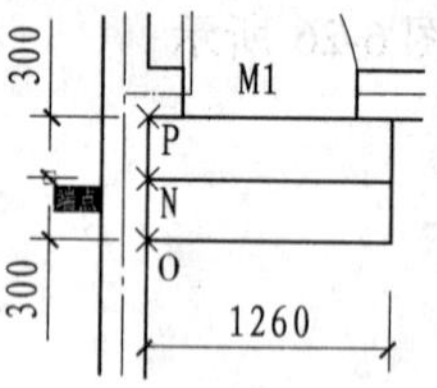

图6-27　台阶尺寸的标注

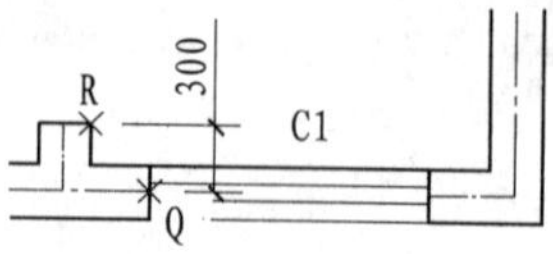

图 6-28　墙垛定位尺寸标注

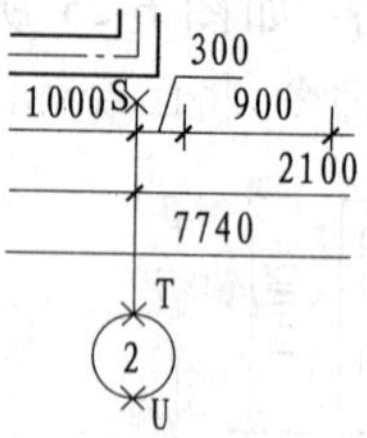

图 6-29　轴号标注

命令:Circle

指定圆的圆心或[三点(3P)/两点(2P)/相切、相切、半径(T)]:2P

指定圆直径的第一个端点:(指定 T 点)

指定圆直径的第二个端点:@0, -500(确定 U 点)

使用“单行文字”命令在圆内标注轴号“2”,高度为 350,结果如图 6-29 所示。

②绘制①轴、③轴、④轴。使用“复制”命令将已经绘制好的轴号图例②复制到指定位置,如图 6-30 所示;使用“文字编辑(Ddedit)”命令修改文字,结果如图 6-31 所示。

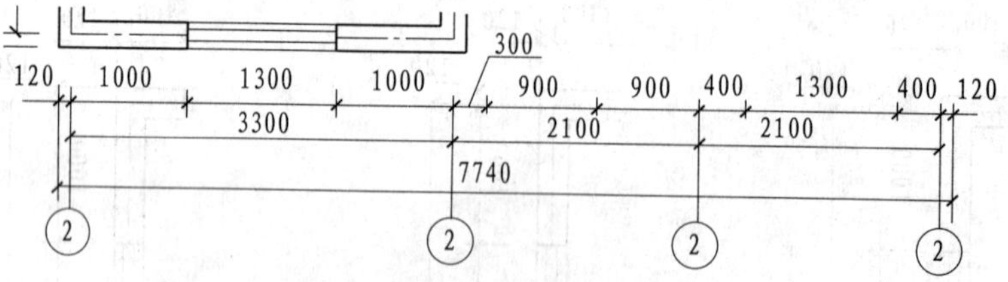

图 6-30　复制其他的轴号

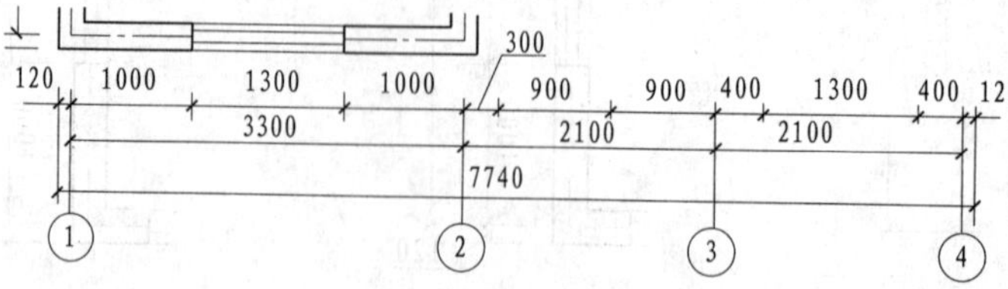

图 6-31　修改轴号

③绘制右进深的轴号 A、B、C。先绘制 C 轴号图例,方法同上;使用“复制”命令将已经绘制好的轴号图例 C 复制到指定位置,如图 6-32(a)所示;使用“文字编辑(Ddedit)”命

令修改文字，结果如图 6-32(b)所示。

④绘制左进深的轴号 A、C。将右进深的轴号 A、C 选中，使用“镜像”复制完成操作，如图 6-33 所示。

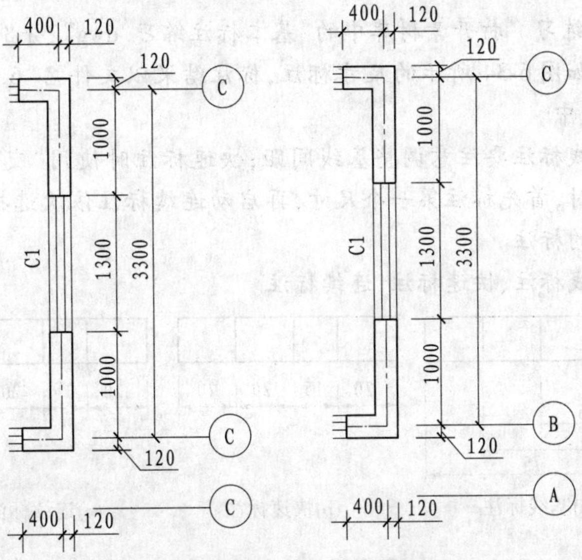

(a)绘制并复制轴号图例　　(b)修改轴号

图 6-32　绘制 A、B、C 轴号

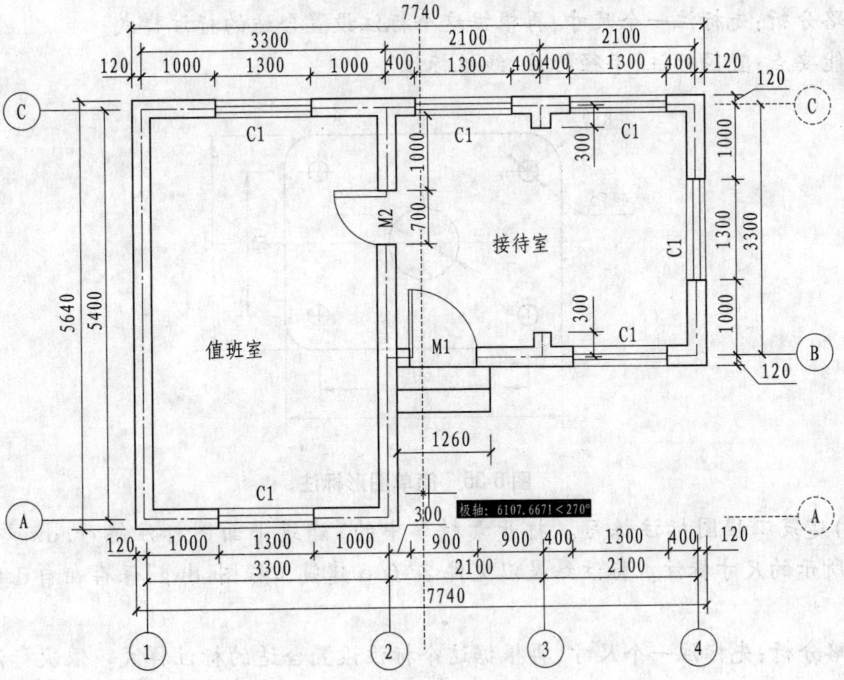

图 6-33　“镜像”复制轴号

(10)以“6.3 房屋平面图.dwg”为文件名保存文件。

自主练习

(1)基本标注练习。打开素材库中的“基本标注练习.dwg”,分别用基线标注、快速标注、连续标注完成如图6-34所示的尺寸标注,标注结果以文件名“6.4 基本标注.dwg”保存在自己的文件夹中。

思路分析:基线标注要注意调整基线间距;快速标注时使用“交叉窗口”选择方式选择对象;连续标注时,首先标注第一个尺寸,再启动连续标注依次选择标注尺寸的下一个点,完成后续尺寸的标注。

技能要点:基线标注、快速标注、连续标注。

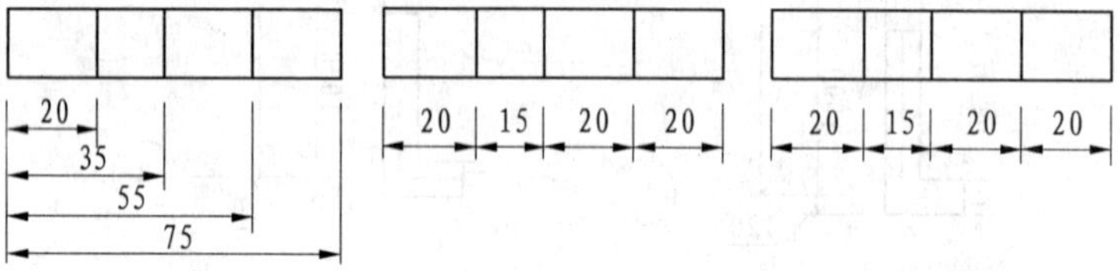

(a)基线标注 (b)快速标注 (c)连续标注

图6-34 基本标注练习

(2)简单图形标注练习。打开素材库中的“简单图形标注练习.dwg”,完成如图6-35所示的尺寸标注。标注结果以文件名“6.5 简单图形标注.dwg”保存在自己的文件夹中。

思路分析:先标注一个尺寸,再根据这个标注设置合适的标注样式。

技能要点:直径标注、半径标注、线性标注。

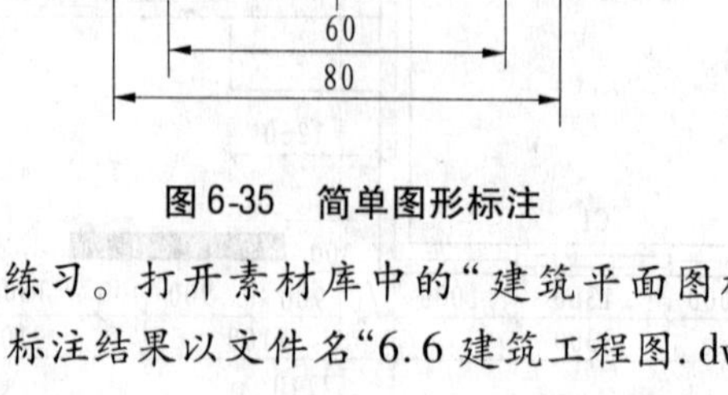

图6-35 简单图形标注

(3)建筑工程图标注练习。打开素材库中的“建筑平面图标注练习.dwg”,完成如图6-36所示的尺寸标注。标注结果以文件名“6.6 建筑工程图.dwg”保存在自己的文件夹中。

思路分析:先标注一个尺寸,再根据这个标注设置合适的标注样式。依次标注图中尺寸,并适当调整尺寸数字的位置。

技能要点:线性标注、连续标注、快速标注。

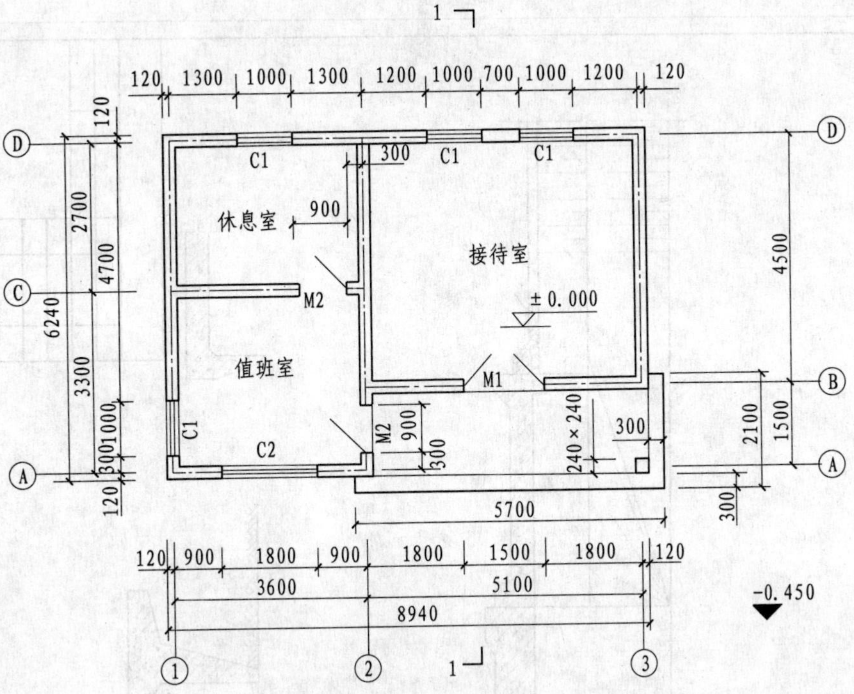

图 6-36　建筑工程图标注

(4)水工建筑物标注练习。打开素材库中的"水工建筑物标注练习. dwg",如图 6-37 所示。要求完成如图 6-38 所示的尺寸标注和文字标注,尺寸看不清楚的地方可以打开素材库中的"6.7 水工建筑物标注练习. wmf"查询。标注结果以文件名"6.7 水工建筑物标注练习. dwg"保存在自己的文件夹中。

思路分析:先标注一个尺寸,再根据这个标注设置合适的标注样式。依次标注图中尺寸,并适当调整尺寸数字的位置。

技能要点:线性标注、连续标注、快速标注、文字标注。

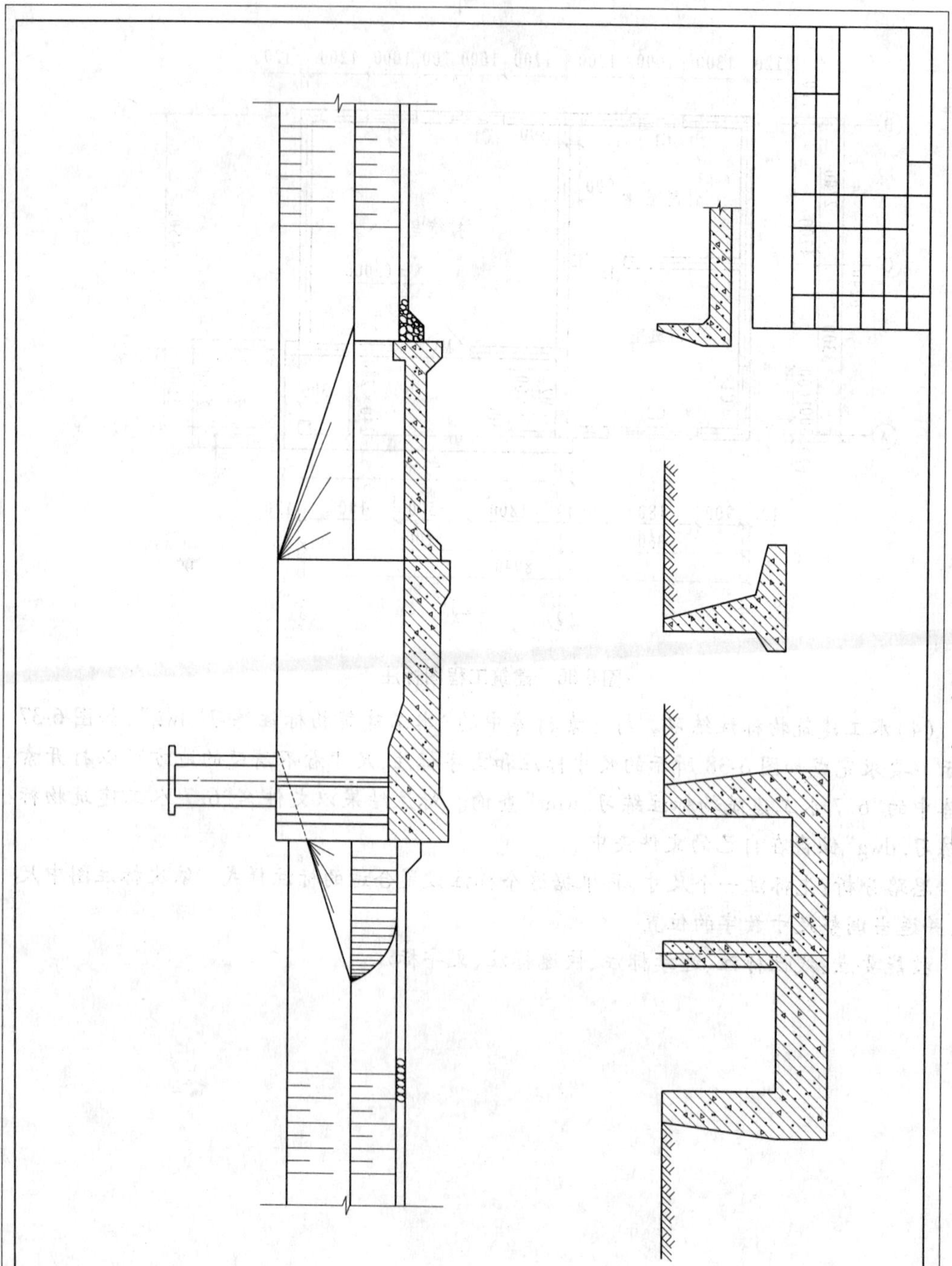

图6-37 水工建筑工程图

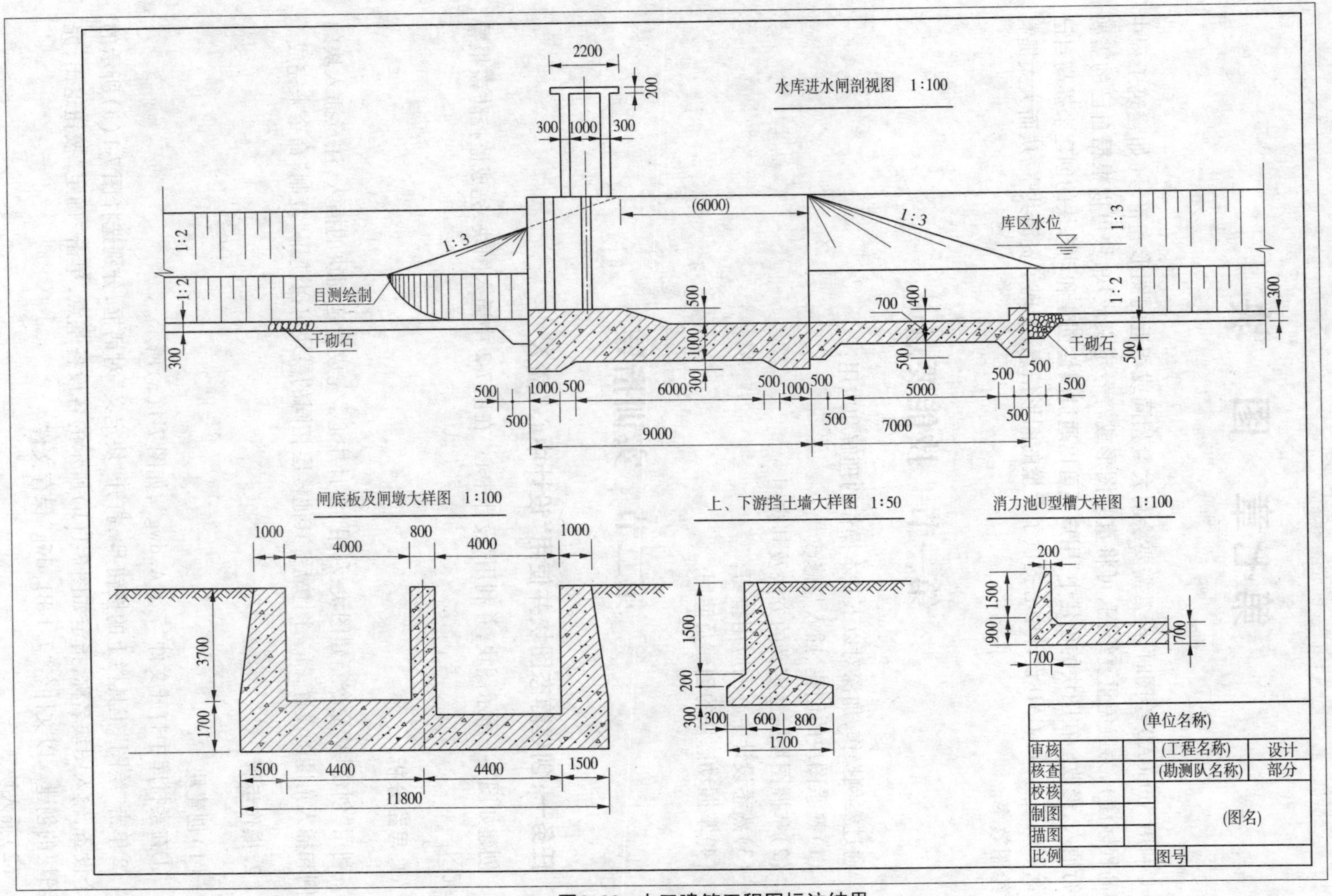

图6-38 水工建筑工程图标注结果

第七章　图　块

利用 AutoCAD 绘图时，经常需要绘制大量相同或相近的图形和符号（如建筑工程中的高程标注），为避免重复绘图，可将重复图形或符号定义成块，块可以根据自己的需要进行插入、修改。在图块的创建中，用户还可以通过属性创建和动态块的创建来提高自己的绘图效率。AutoCAD 设计中心提供了大量的图形信息，实现了资源共享，从而大大提高了绘图效率。

第一节　技能要点

通过实例操作，加深对以下基本操作的理解和应用：

（1）熟悉图块的创建、插入与修改。

（2）掌握图块属性定义的方法及其应用。

（3）熟悉设计中心的应用技巧。

（4）掌握动态块的创建及使用。

第二节　实训指导

任务一：创建静态图块并使用“设计中心”插入

创建如图 7-1 所示图块，并利用“设计中心”在图 7-2 中插入图块，完成监控防盗报警系统图。

1. 思路分析

利用“创建块”命令新建图块；利用“设计中心”完成指定图块的插入，注意插入块的比例和插入角度的设置；插入图块后，其他楼层相同的模块可以使用“复制”命令来完成。

2. 操作步骤

（1）创建块。

①在素材库中打开文件“7.1 A. dwg”，如图 7-1（a）所示。

②单击“绘图”工具栏上的按钮，打开“块定义”对话框，分别选择图 7-1（a）所示的各个设备，输入图块名称，指定如图 7-1（b）所示的各设备基点，单击“确定”按钮退出，完成图块的创建。以文件名“7.1 B1. dwg”保存文件。

（2）插入块。

①打开素材库中的文件“7.1 B. dwg”，如图 7-2 所示。

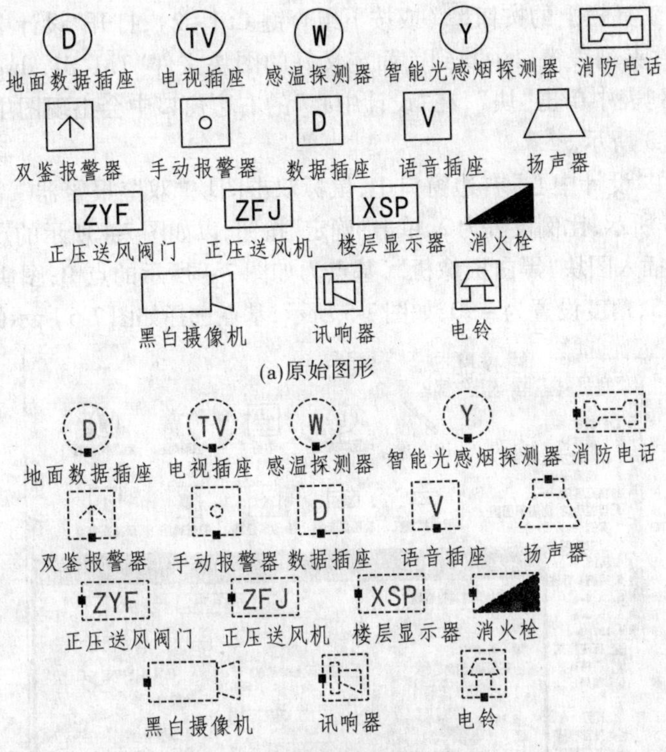

图 7-1　创建图块

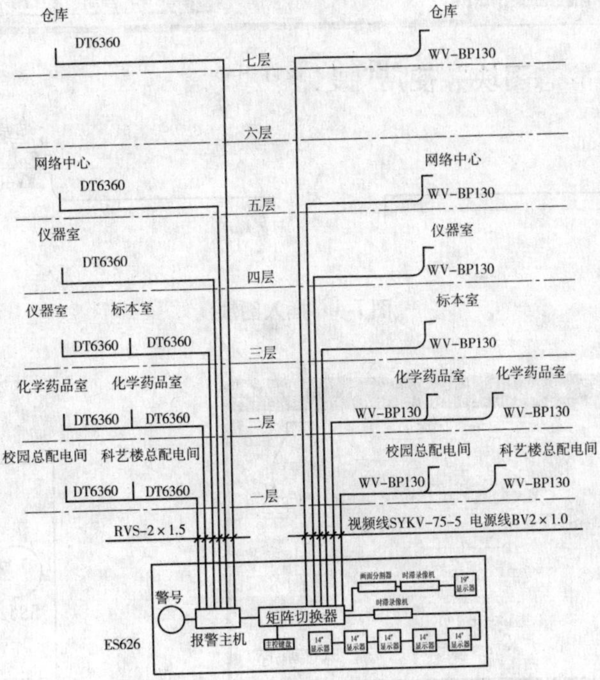

图 7-2　监控防盗报警系统图(未插入设备)

②单击“绘图”工具栏上的按钮（或按下组合键 Ctrl +2），打开“设计中心”窗口，如图 7-3 所示。在文件夹列表窗口中找到前面定义好的图块文件“7.1 B1. dwg”并双击，在文件夹下方展开的列表中单击“块”，在“设计中心”的右边窗口中会出现图中所有已经定义好的图块，如图 7-3 所示。

③插入图块。在“设计中心”右边窗口中，鼠标双击图块“双鉴报警器”，弹出图块“插入”对话框，如图 7-3 所示，比例设置为 2，单击“确定”按钮，以如图 7-4 所示的点 A 为插入基点，插入图块；同法，插入图块“黑白摄像机”，基点为如图 7-4 所示的点 B；图块“扬声器”插入时，比例设置为 1.5，角度设置为 -90，如图 7-5 所示，基点选择如图 7-6 所示的 C 点。

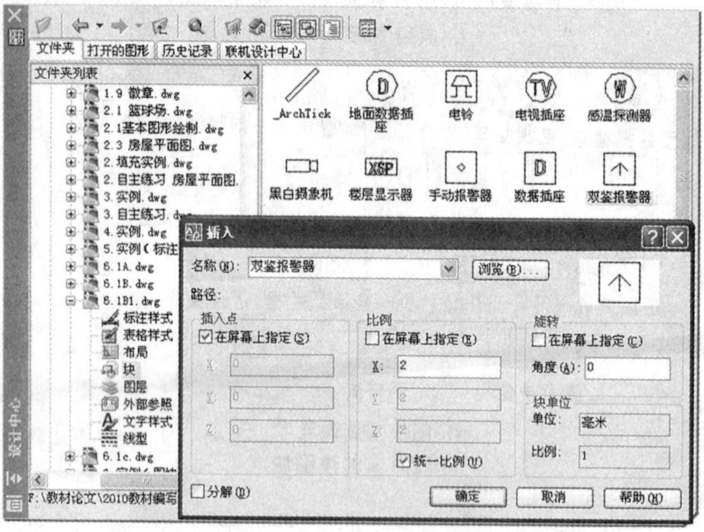

图 7-3　设计中心

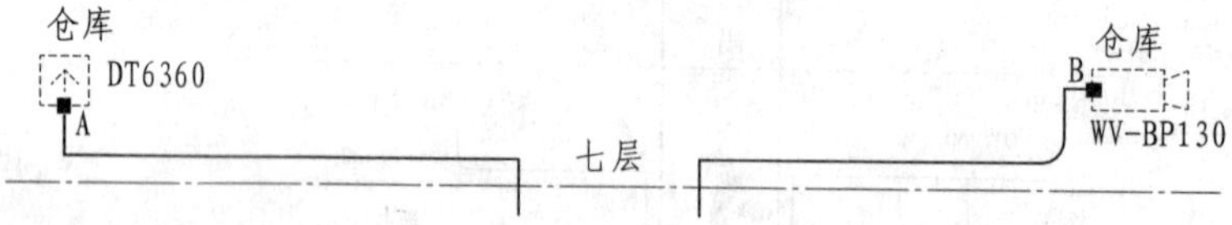

图 7-4　插入图块

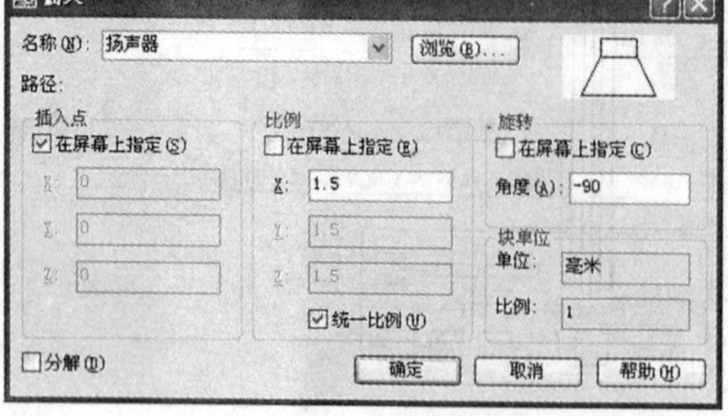

图 7-5　图块“插入”对话框

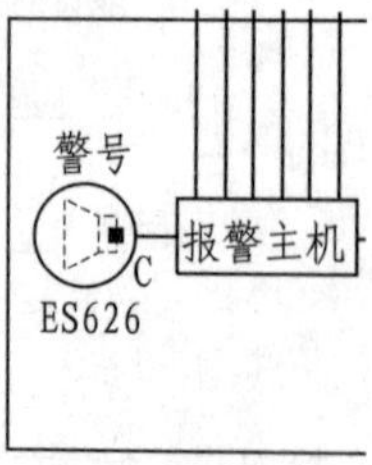

图 7-6　插入扬声器

④复制图块。使用“复制”命令，将图块“双鉴报警器”、“黑白摄像机”分别复制到图中其他位置，如图7-7所示。

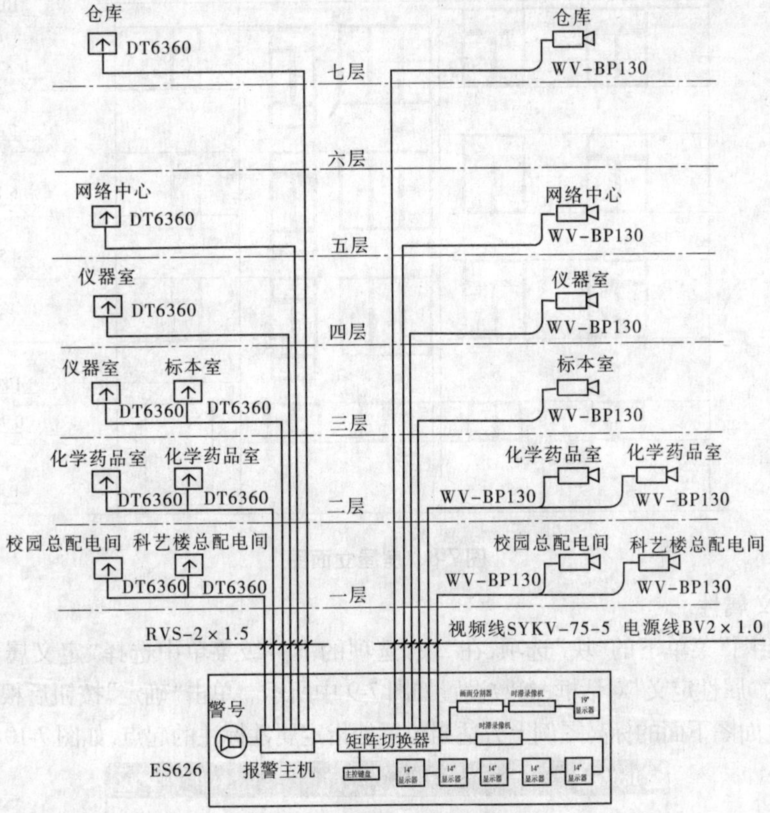

图7-7　监控防盗报警系统图

(3)保存文件。将绘图结果以文件名“7.1 监控防盗报警系统图.dwg”保存到自己的文件夹中。

任务二：创建图块属性并对房屋立面图进行标高的标注

新建图块属性，并定义图块，完成如图7-8所示房屋立面图的标高标注。

1.思路分析

先定义属性，再通过“创建块”将标高图例和属性定义成图块；使用“插入块”将定义好的标高图块插入到指定位置，并输入新的标高值；左侧的标高完成标注后，可以将全部的标注使用“镜像”命令得到右侧的标注，稍作修改即可。

2.操作步骤

(1)打开素材库中的文件“7.2 A.dwg”，出现如图7-8所示的房屋立面图以及一个已经画好的标高图例。

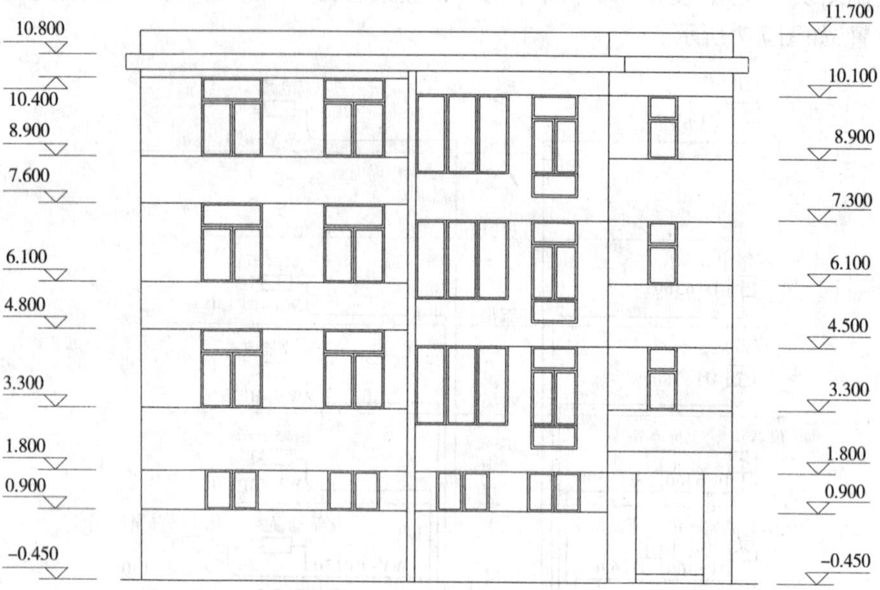

图 7-8　房屋立面图

(2)定义属性。

单击“绘图”菜单下的“块”选项,在“块”选项的下一级菜单中选择“定义属性”,打开如图 7-9所示的“属性定义”对话框,参数设置如图 7-9 中所示。单击“确定”按钮后根据命令行提示,在房屋立面图下面的标高图例上方适当位置处指定属性标注的起点,如图 7-10 所示。

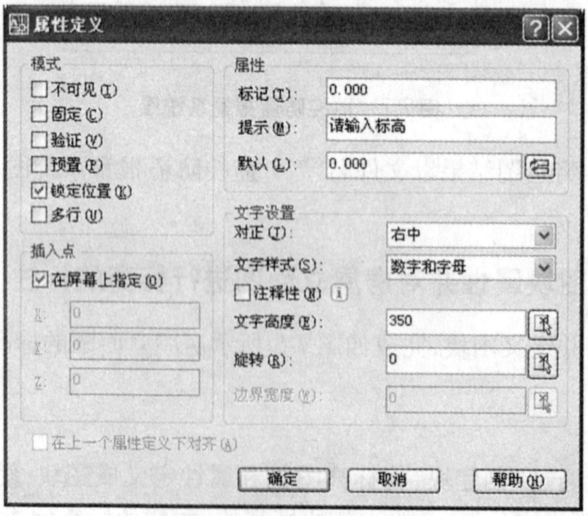

图 7-9　“属性定义”对话框

(3)定义图块。

单击“绘图”工具栏上的按钮,弹出“块定义”对话框,输入图块名称“标高”,选择如图 7-10 所示的属性和图例作为对象,选择如图 7-11 所示的点 K 作为图块的基点(点 K 距离标高底线端点的距离为 1200),单击“确定”按钮退出。

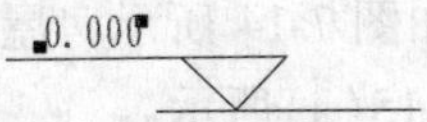

图 7-10　创建好的属性

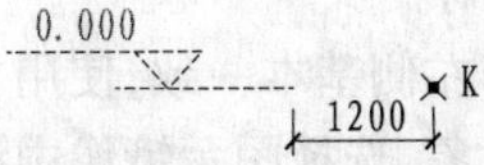

图 7-11　定义标高图块的插入基点

(4)插入图块。

单击“绘图”工具栏上的按钮，弹出图块“插入”对话框，在“名称”下拉列表中选择“标高”，比例默认设置为 1，角度默认设置为 0，单击“确定”按钮。选择如图 7-12 所示的点 A 为插入基点，插入图块，然后根据命令行提示输入新的属性值：-0.450；按下空格键或回车键重复上一个命令“块插入”，依次选择点 B、C、D、E、F、G、H、I、J 为插入基点，并输入图示属性值，结果如图 7-12 所示。

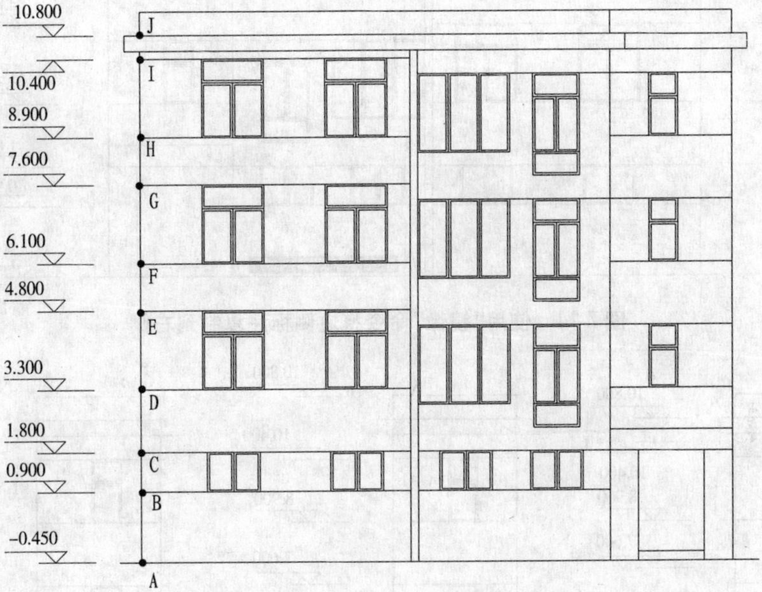

图 7-12　插入图块

(5)调整图块。

如图 7-13(a)所示，标高 10.400 与 10.800 有部分重叠，需调整相对位置。使用“镜像”命令，选择标高的水平基线作为镜像线，并且选择删除源对象，将标高 10.400 的标注调整为如图 7-13(b)所示。

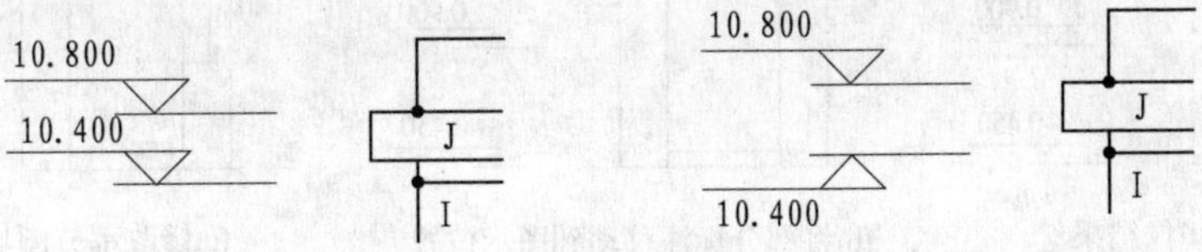

(a)原始图形　　(b)调整后图形

图 7-13　使用“镜像”命令调整重叠的标高

(6)镜像复制。

右侧标注与左侧基本一致，使用“镜像”命令，选择如图 7-14 所示房屋立面图左侧的所有标高作为对象，选择图示镜像中线，复制结果如图 7-15(a)所示。

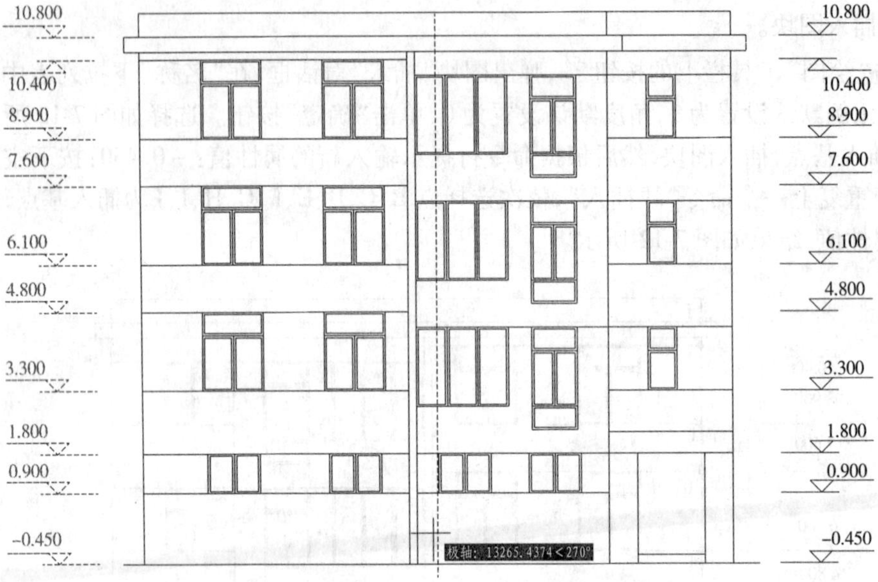

图 7-14　使用“镜像”命令将左侧标注复制到右侧

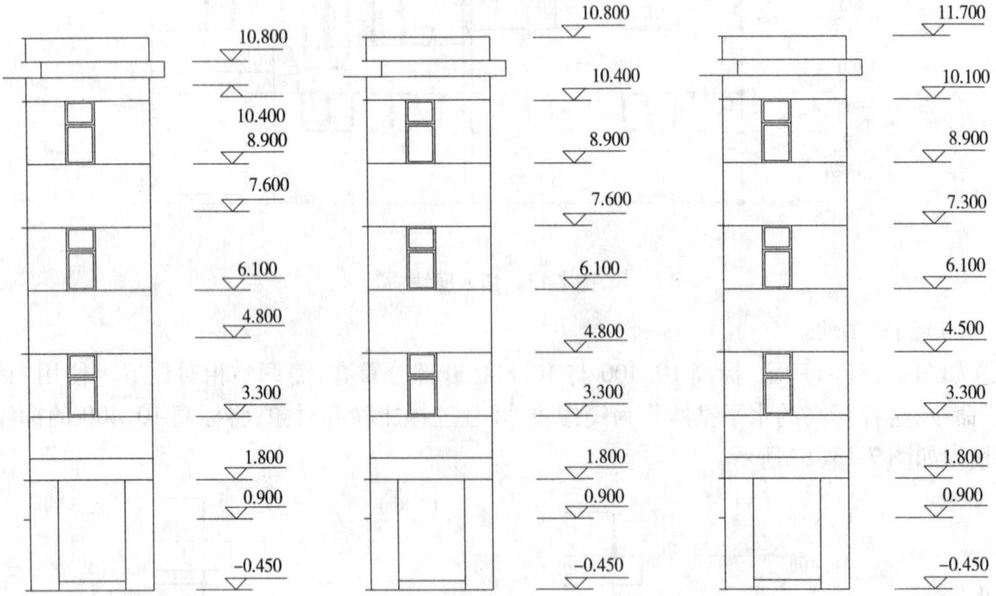

(a)右侧标注镜像结果　　(b)将部分标注移动到图示位置　　(c)修改部分图块的属性值

图 7-15　修改部分标注

(7)调整图块并修改属性。

使用“移动”命令将右侧标注 10.800 垂直上移 900，如图 7-15(b)所示；双击该标注文字，弹出如图 7-16 所示的“增强属性编辑器”对话框，将属性值改为 11.700，单击“确定”按钮退出，结果如图 7-15(c)所示。

同法，将右侧标注 10.400 垂直下移 300 并镜像，属性值修改为 10.100；右侧标注 7.600 垂直下移 300，属性值修改为 7.300；右侧标注 4.800 垂直下移 300，属性值修改为 4.500；其余不变，结果如图 7-15(c)所示。

(8)保存文件。

将绘图结果以文件名“7.2 房屋立面图.dwg”保存到自己的文件夹中。

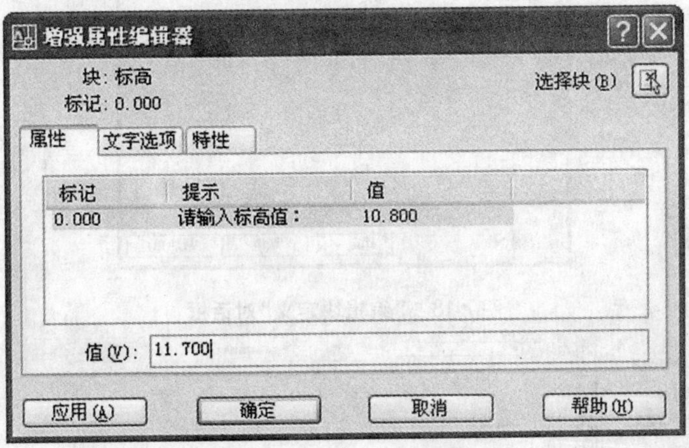

图 7-16 “增强属性编辑器”对话框

任务三：创建动态图块并插入

使用动态图块，完成如图 7-17 所示房屋平面图的门窗绘制。

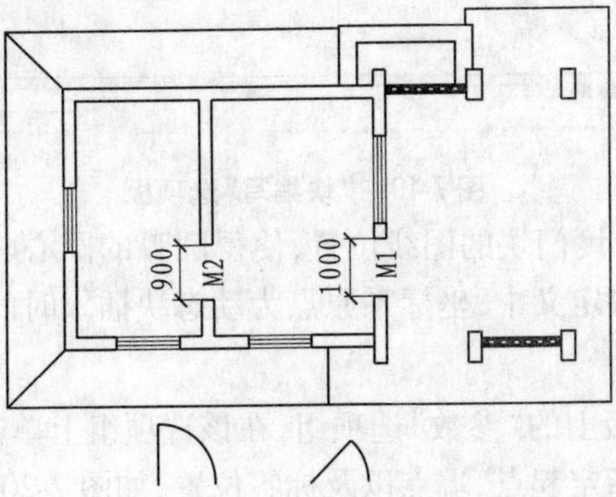

图 7-17 房屋平面图

1. 思路分析

略。

2. 操作步骤

(1)打开素材库中的文件“7.3 动态块 A. dwg”,如图 7-17 所示。

(2)单击“标准”工具栏上的按钮,启动“块编辑器”。在弹出的“编辑块定义”对话框(如图 7-18 所示)中,选择图块“M”作为要编辑的块后单击“确定”按钮,对话框关闭并打开“块编辑器”窗口,同时显示“块编写”选项板,如图 7-19 所示。

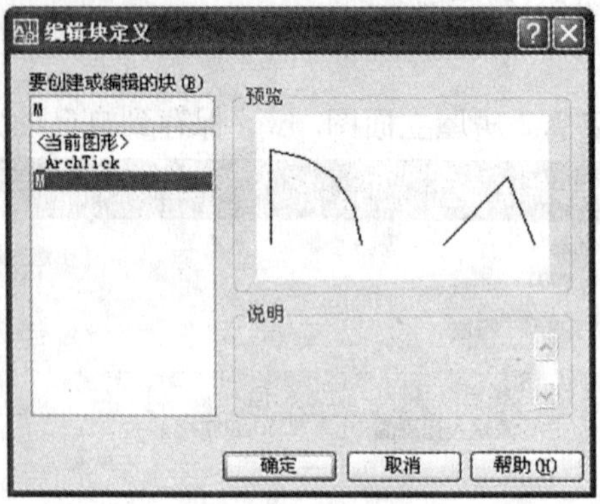

图 7-18 “编辑块定义”对话框

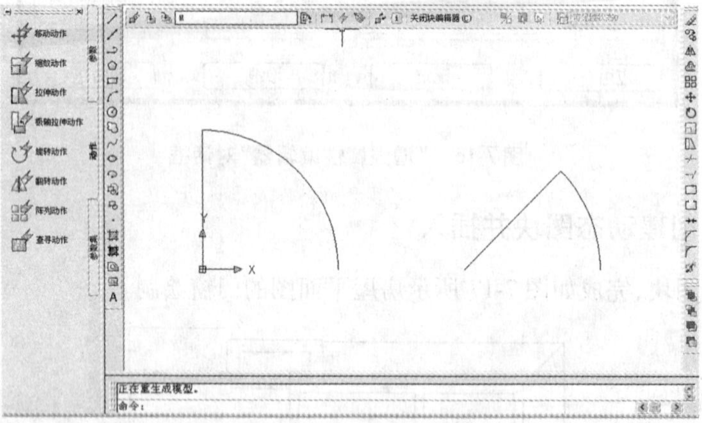

图 7-19 “块编写”选项板

移动 90 度门块和 45 度门块的图线位置,使得圆弧的圆心与坐标系原点(0,0)重合,如图 7-19所示。在动态块定义中,坐标系原点为动态块插入时的基点。

(3)添加参数。

单击“块编写”选项板上的“参数”选项组,在该选项组上单击选项 线性参数,启动“线性参数”定义,鼠标单击指定起点、端点以及标签位置,如图 7-20 所示。

默认的线性参数名为“距离”,夹点数为 2,可以通过“特性管理器”进行修改,如图 7-21、图 7-22 所示。夹点数还可以通过图 7-23 所示的快捷菜单“夹点显示”进行修改。

用户还可以通过“特性管理器”修改“线性参数”的各项设置。在线性参数的“特性管理器”的“值集”选项组中,可以进行距离类型和距离值列表的设置。这里,设置距离类型为“列表”,距离值列表为“900,1000”,为以后缩放做准备,如图 7-23 所示。

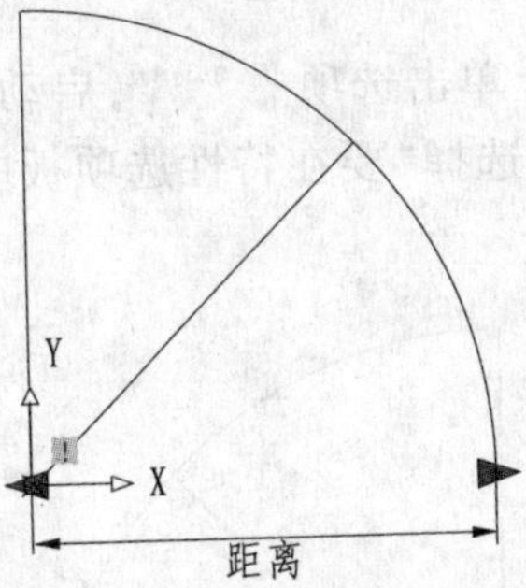

图 7-20　添加“线性参数”

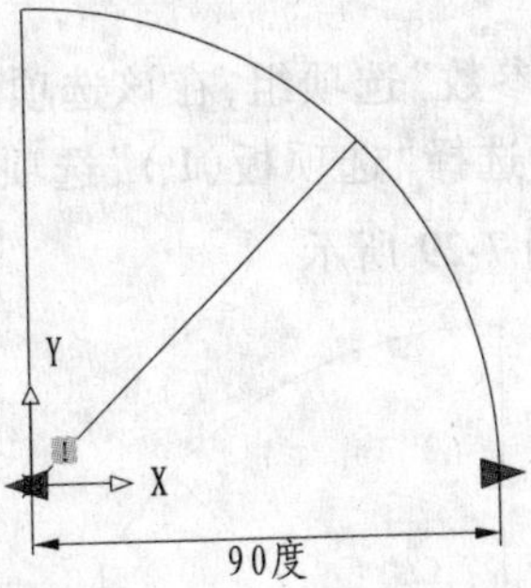

图 7-21　修改参数名

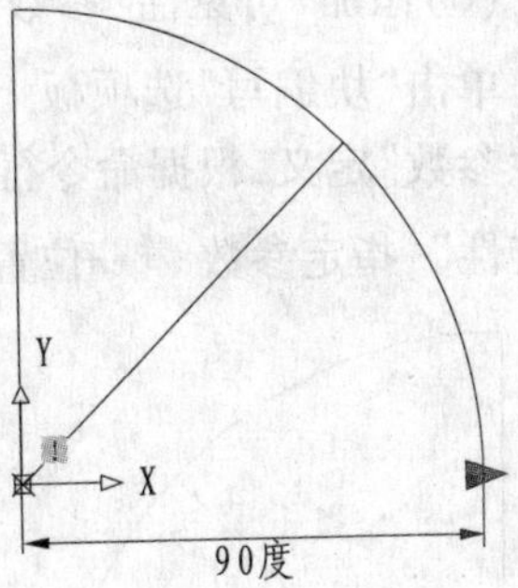

图 7-22　修改显示夹点数

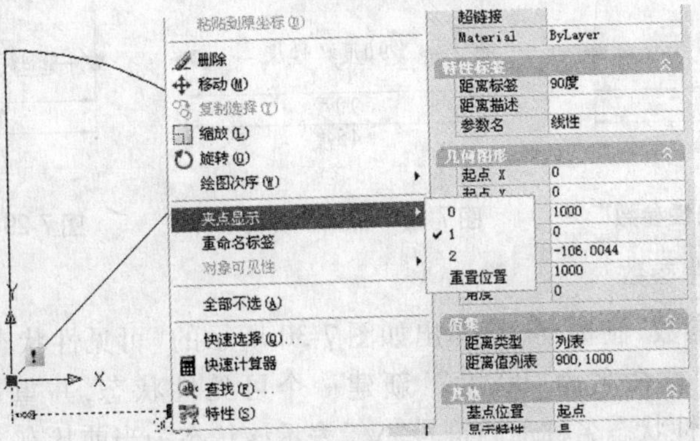

图 7-23　通过“特性管理器”修改“线性参数”的各项设置

(4)添加动作。

单击“块编写”选项板上的“动作”选项组，在该选项组上单击选项 缩放动作，启动“缩放动作”定义。根据命令行提示，选择“线性”参数作为动作的对象，再选择如图 7-24 所示的 90 度门块的图线，并指定动作 缩放 放置的位置，如图 7-25 所示。通过“特性管理器”修改动作名称为“90 度”，如图 7-26 所示。

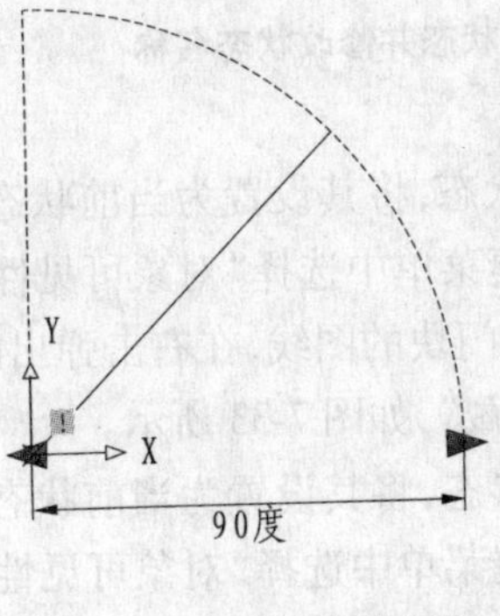

图 7-24　指定动作的选择集

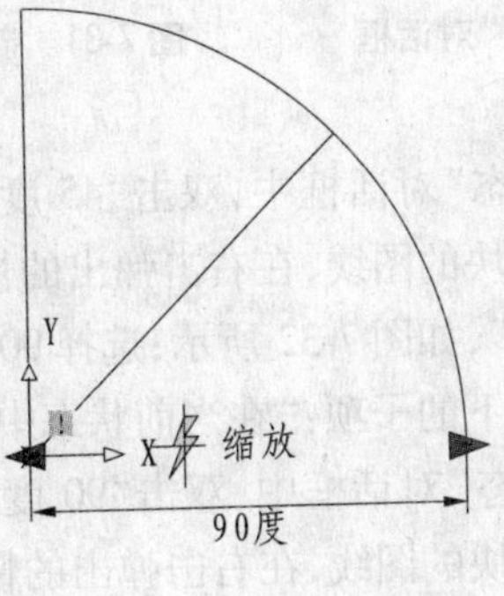

图 7-25　指定动作的位置

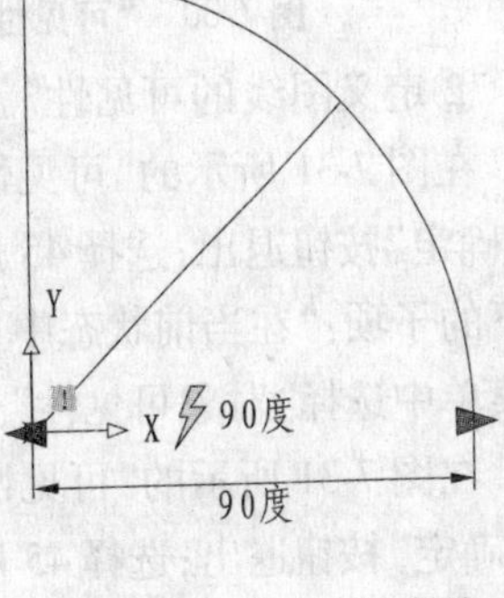

图 7-26　修改动作名称

(5)添加 45 度门块的参数和动作。

重复步骤(3)和(4)，为 45 度门块添加“线性参数”和“缩放动作”，如图 7-27、图 7-28 所示。

(6)添加“可见性”参数。

单击“块编写”选项板上的“参数”选项组，在该选项组上单击选项 可见性参数，启动“可见性参数”定义，根据命令行提示选择“选项板(P)”选项，并选择“要在特性选项板中显示特性”，指定参数 可见性位置如图 7-29 所示。

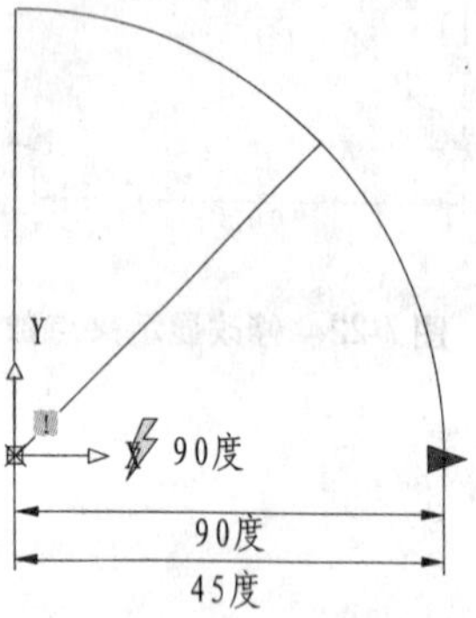

图 7-27　添加“线性参数”

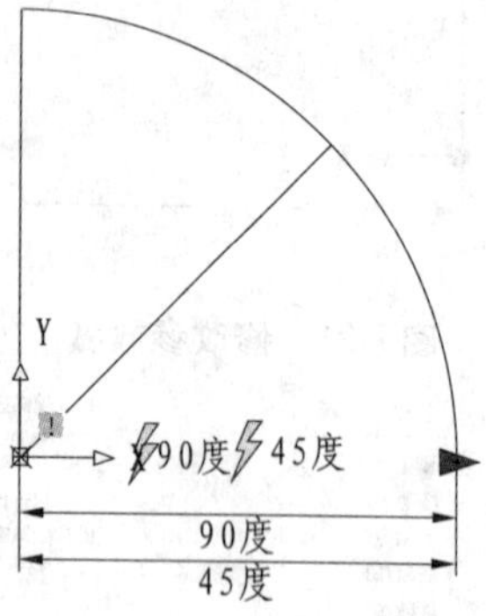

图 7-28　添加“缩放动作”

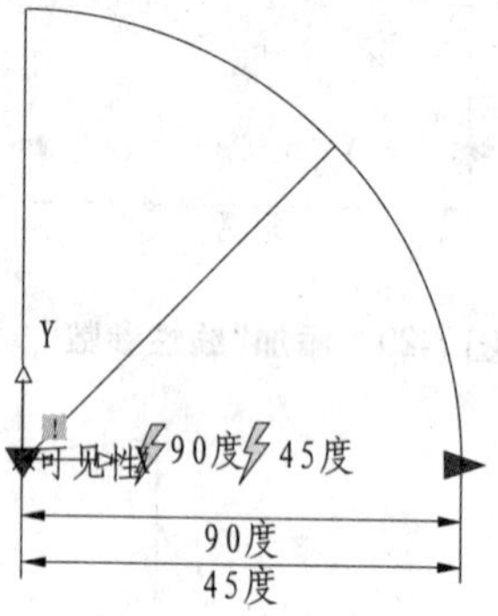

图 7-29　修改动作名称

①定义“可见性参数”。

双击“可见性参数”图标 可见性，弹出如图 7-30 所示的“可见性状态”对话框。将默认的“可见性状态 0”重命名为“90 度”，新建一个可见性状态，并重命名为“45 度”，如图 7-31所示。可见性状态名称前的符号“√”表示该状态为当前状态。

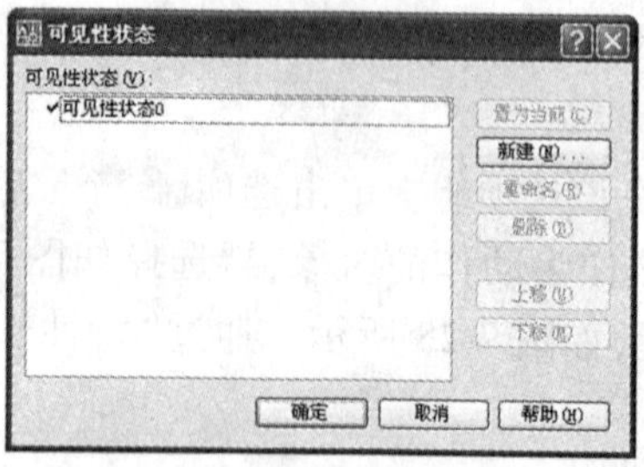

图 7-30　“可见性状态”对话框

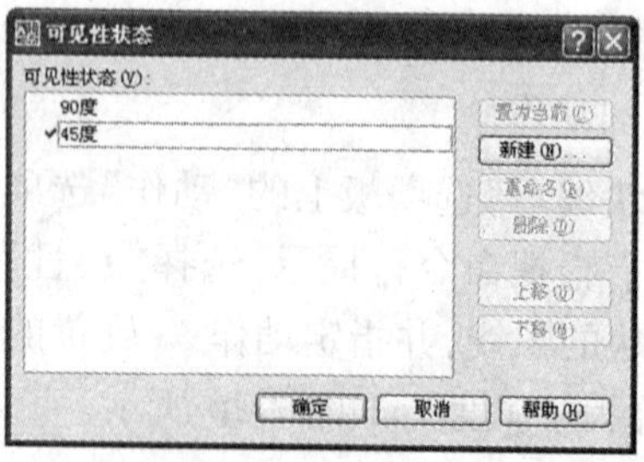

图 7-31　新建状态并修改状态名称

②定义图线的可见性。

在图 7-31 所示的“可见性状态”对话框中，双击“45 度”状态，将其设置为当前状态，单击“确定”按钮退出；选择 45 度门块的图线，在右击弹出的快捷菜单中选择“对象可见性”选项下的子项：“在当前状态中显示”，如图 7-32 所示；选择 90 度门块的图线，在右击弹出的快捷菜单中选择“对象可见性”选项下的子项：“在当前状态中隐藏”，如图 7-33 所示。

在图 7-31 所示的“可见性状态”对话框中，双击“90 度”状态，将其设置为当前状态，单击“确定”按钮退出；选择 45 度门块的图线，在右击弹出的快捷菜单中选择“对象可见性”选项下的子项：“在当前状态中隐藏”，如图 7-34 所示；选择 90 度门块的图线，在右击弹出的快捷菜单中选择“对象可见性”选项下的子项：“在当前状态中显示”，如图 7-35 所示。

(7)保存动态块。

在“动态块”工具栏上单击按钮，弹出“将块另存为”对话框，输入动态块的名称

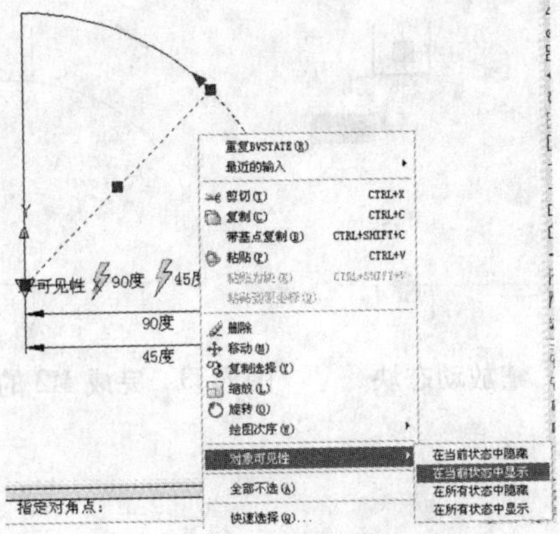

图 7-32　将 45 度门块图线设置为“显示”

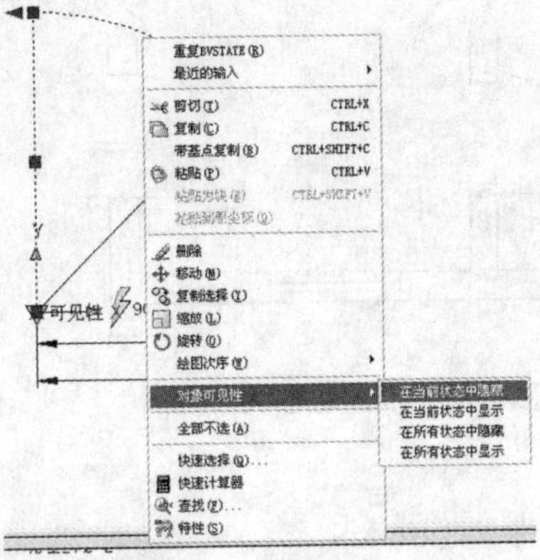

图 7-33　将 90 度门块图线设置为“隐藏”

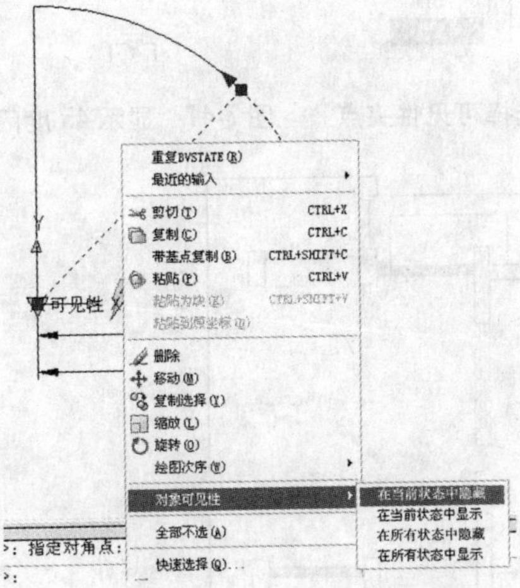

图 7-34　将 45 度门块图线设置为“隐藏”

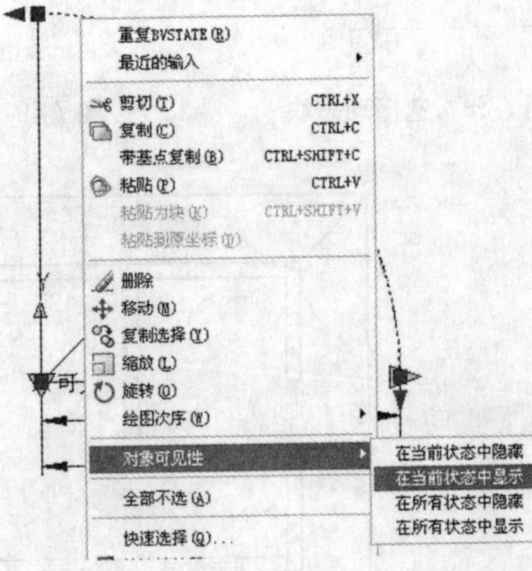

图 7-35　将 90 度门块图线设置为“显示”

“M1”,单击“确定”按钮返回绘图窗口,完成动态块的制作。

(8)插入动态块。

单击“绘图”工具栏上的按钮,弹出图块“插入”对话框,在“名称”下拉列表中选择“M1”,比例默认设置为 1,角度设置为 90,单击“确定”按钮。选择如图 7-36 所示的点 A 为插入基点,完成 M1 的插入;同法,选择如图 7-36 所示的点 B 为插入基点,完成 M2 的插入。

(9)缩放动态块。

插入块的大小为 1000,可通过动态块的缩放将其大小缩放为 900。选择 M2,单击如图 7-37 所示动态块上方的缩放夹点,并将该点向下移动到图示中点,完成 M2 的插入,结果如图 7-38 所示。

(10)通过可见性状态设置,显示 45 度门块。

选择图 7-39 所示的 M2 动态块;单击可见性夹点将其激活,弹出选择菜单,如图 7-40 所示;选择“45 度”选项,则动态块以 45 度门块显示,如图 7-41 所示。同法,将 M1 设置为 45 度门块,结果如图 7-42 所示。

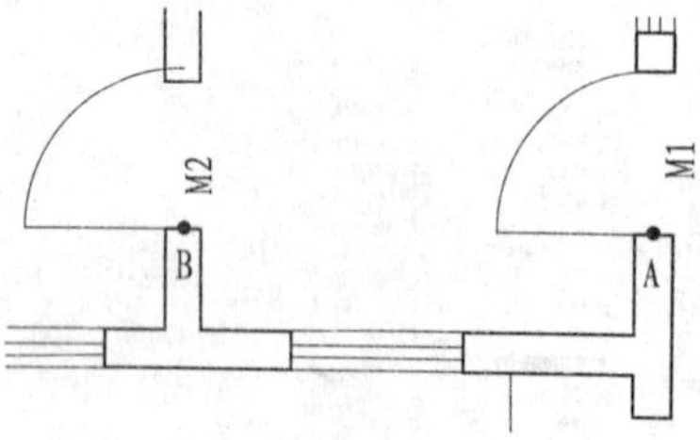

图 7-36　插入动态块

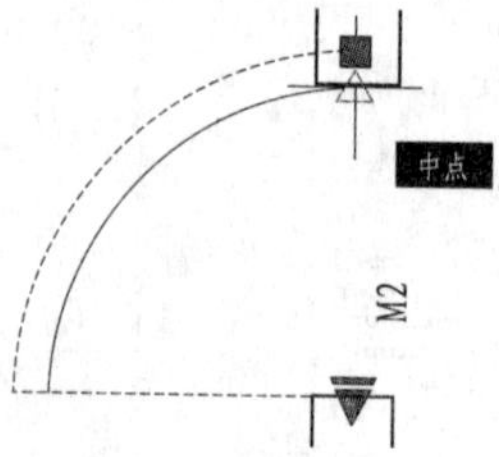

图 7-37　缩放动态块

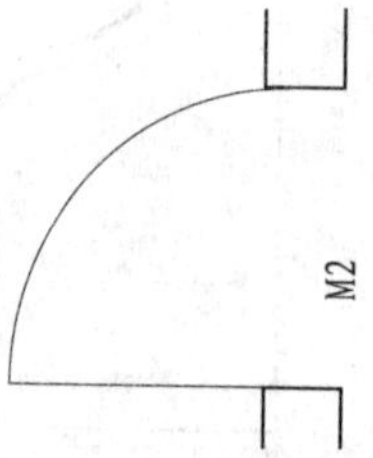

图 7-38　完成 M2 的插入

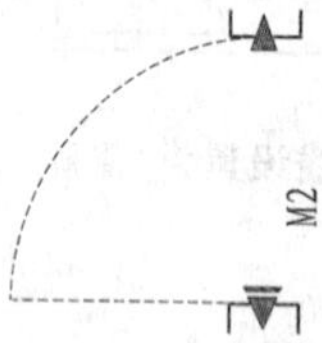

图 7-39　选择动态块

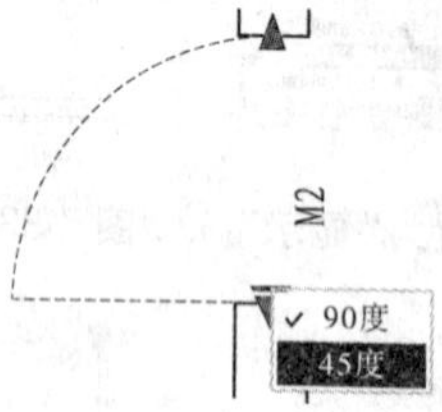

图 7-40　选择可见性夹点

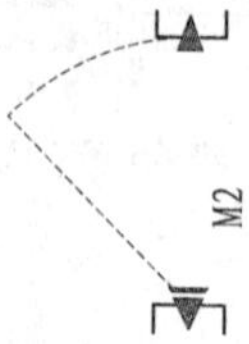

图 7-41　显示 45 度门块

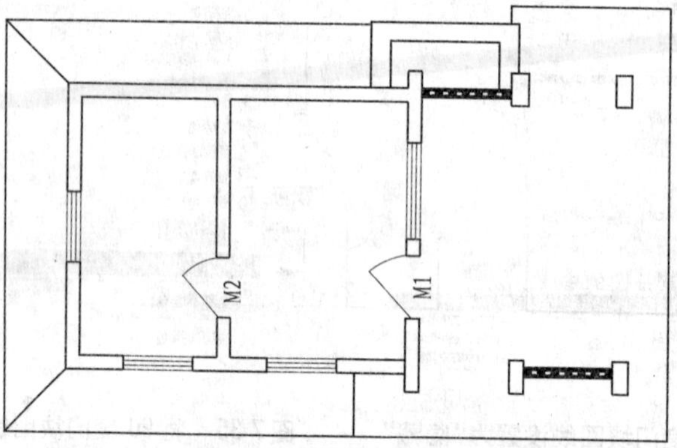

图 7-42　动态块插入结果

(11)保存文件。

将绘图结果以文件名"7.3 使用动态块插入门.dwg"保存到自己的文件夹中。

自主练习

(1)图块基本操作练习。

①创建图块:打开素材库中的"创建图块.dwg",按图中文字要求创建图块,并将结果以文件名"7.4 创建图块.dwg"保存到自己的文件夹中。

②插入图块:打开素材库中的"插入图块.dwg",图中已有图块 1 和图块 2,按图 7-43 右上图所示,在图 7-43 右下图中插入图块,并将结果以文件名"7.5 插入图块.dwg"保存到自己的文件夹中。

③重定义图块:打开素材库中的"重定义图块.dwg",如图 7-44 所示,图中已有图块 1

和图块2，以图块2的内容重新创建块，图块名为1，并覆盖原有图块1。观察图中变化，并将结果以文件名“7.6 重定义图块.dwg”保存到自己的文件夹中。

技能要点：创建图块、插入图块、重定义图块。

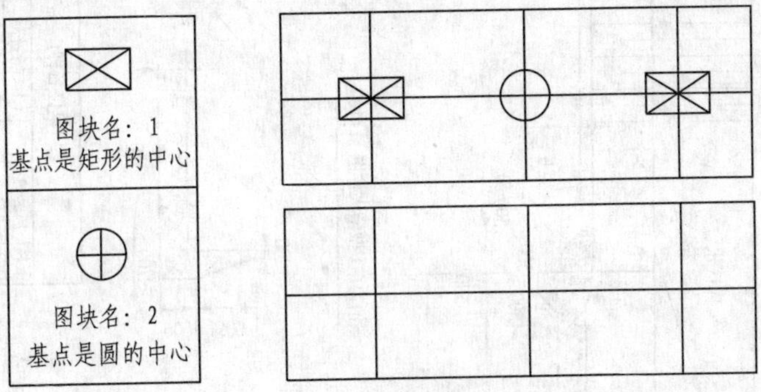

图7-43　插入图块

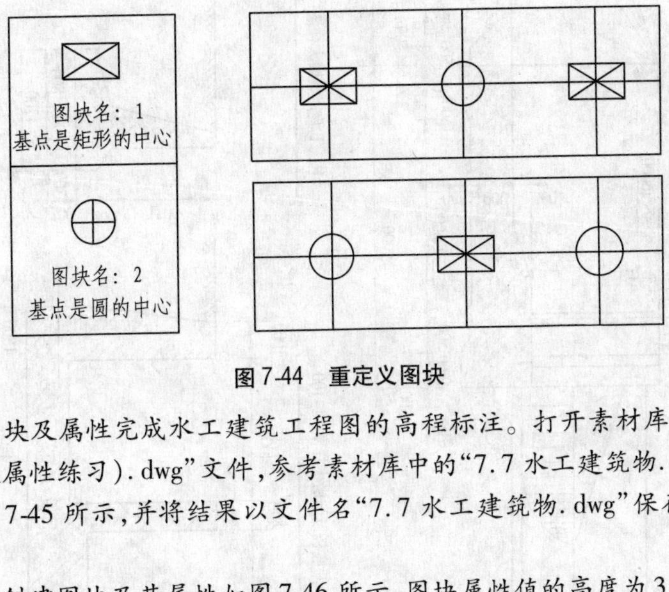

图7-44　重定义图块

(2)利用图块及属性完成水工建筑工程图的高程标注。打开素材库中的“水工建筑工程图(图块及属性练习).dwg”文件，参考素材库中的“7.7 水工建筑物.wmf”文件，标注图中高程，如图7-45所示，并将结果以文件名“7.7 水工建筑物.dwg”保存到自己的文件夹中。

思路分析：创建图块及其属性如图7-46所示，图块属性值的高度为3.5；插入图块；局部调整图块。

技能要点：创建图块、创建图块属性、插入图块。

(3)利用“设计中心”完成建筑装饰图的绘制。打开素材库中的文件“设备.dwg”，将文件中的图形定义成图块。打开素材库中的文件“建筑平面图(图块插入练习).dwg”，参考素材库中的“7.8 建筑装饰图.wmf”文件，完成图块插入，如图7-47所示，并将结果以文件名“7.8 建筑装饰图.dwg”保存到自己的文件夹中。

思路分析：创建图块；使用“设计中心”插入图块；修改图块，特别是图块插入的角度和比例调整。

技能要点：创建图块、“设计中心”的使用、插入图块、修改图块。

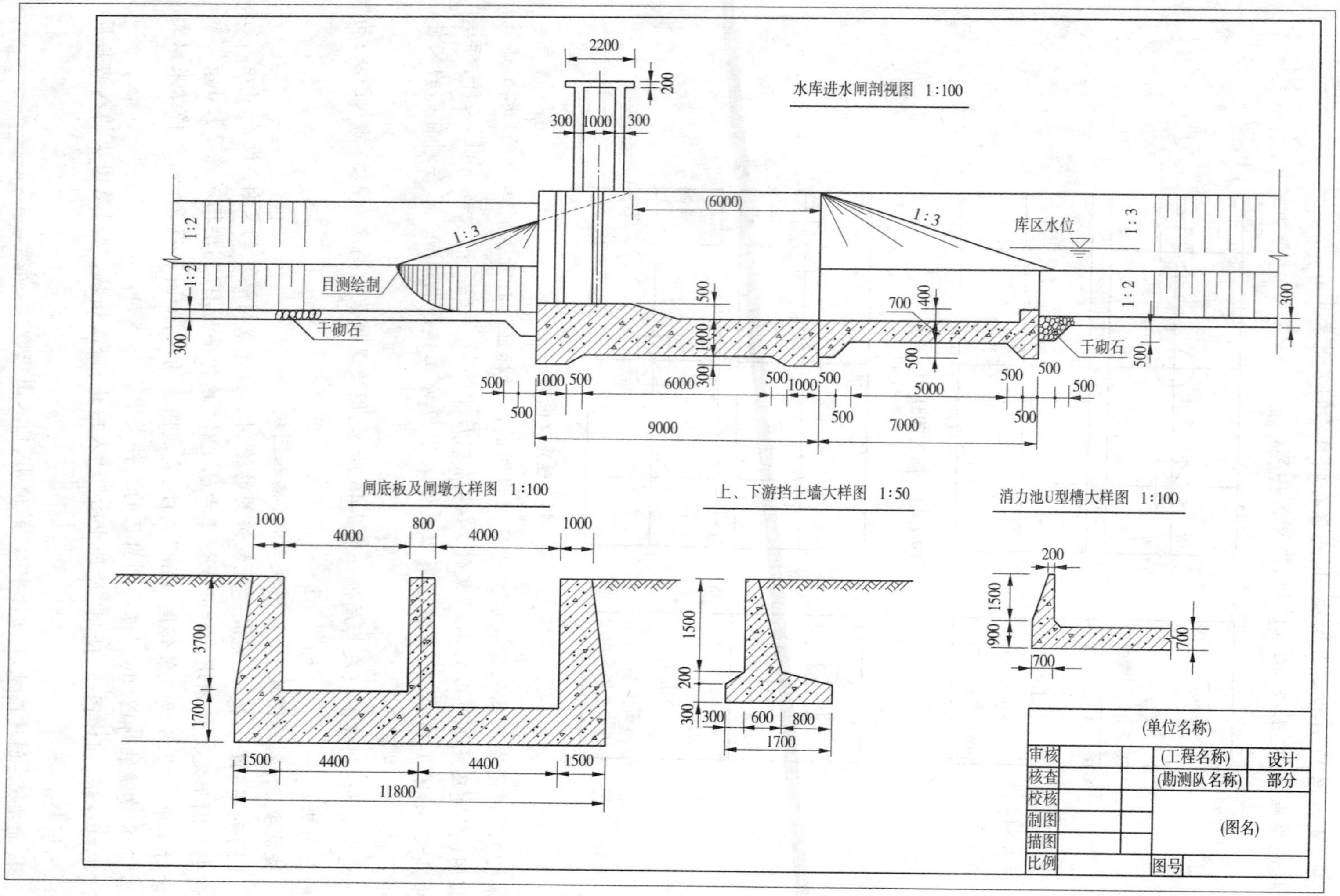

图7-45 水工建筑工程图标注结果

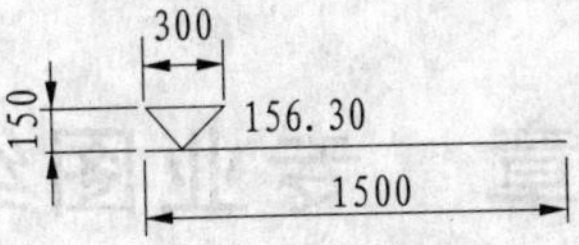

图 7-46　创建标高图块及其属性

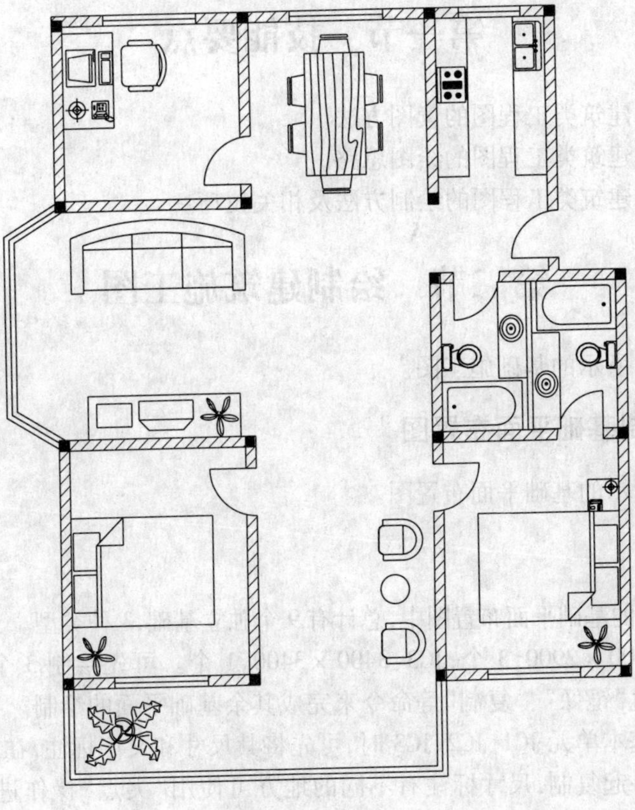

图 7-47　建筑装饰图

第八章　专业图绘制

第一节　技能要点

(1)掌握土木建筑类工程图的读图方法。

(2)掌握土木建筑类工程图的绘图思路。

(3)掌握土木建筑类工程图的绘制方法及相关技巧。

第二节　绘制建筑施工图

绘制如图 8-1 所示的基础施工图。

任务一:绘制基础平面布置图

绘制如 8-2 所示的基础平面布置图。

1. 思路分析

如图 8-2 所示的基础平面布置图中,总计有 9 个独立基础,3 种类型。其中,JC1:2700 × 2700,5 个;JC2:2900 × 2900,3 个;JC3:3400 × 3400,1 个。可先绘制 3 个基本单元 JC1、JC2、JC3,然后通过“镜像”、“复制”等命令来完成其余基础平面的绘制。

在绘制 3 个基本单元 JC1、JC2、JC3 时,可先将其尺寸和文字标注,在复制过程中尺寸和文字连同图线一起复制,尺寸标注有不同的地方可使用“夹点”操作进行调整,从而提高绘图效率。

在图形复制过程中,基点的选择可灵活应用“捕捉自”来确定。

2. 操作步骤

(1)字体准备。

将 tssdchn. shx、tssdeng. shx、tssdeng2. shx、hztxt. shx 4 个字体文件复制到“\AutoCAD 2008\Fonts”下,启动 AutoCAD。

(2)打开土木建筑工程模板文件。

新建“柱”、“基础”图层;创建新的文字样式“钢筋标注”,如图 8-3 所示,为后面的二级钢筋标注做准备。

(3)绘制基础平面轴线。

将“轴线”图层切换为当前图层,使用“直线”命令按照如图 8-4 所示尺寸绘制轴线。E_1,E_2,…,E_9 为图示轴网的 9 个端点。

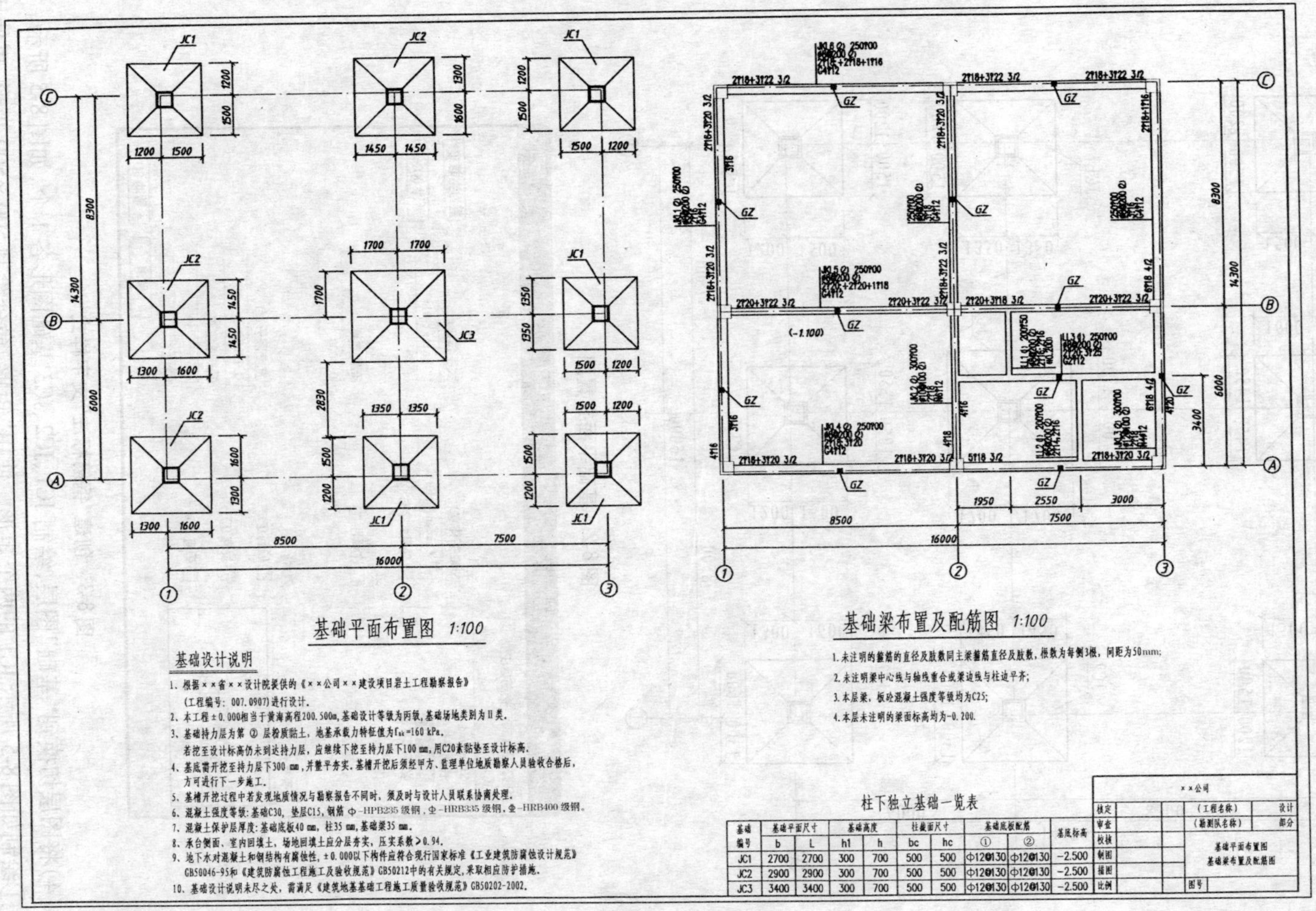

基础编号	基础平面尺寸 b	基础平面尺寸 L	基础高度 h1	基础高度 h	柱截面尺寸 bc	柱截面尺寸 hc	基础底板配筋 ①	基础底板配筋 ②	基底标高
JC1	2700	2700	300	700	500	500	Φ12@130	Φ12@130	-2.500
JC2	2900	2900	300	700	500	500	Φ12@130	Φ12@130	-2.500
JC3	3400	3400	300	700	500	500	Φ12@130	Φ12@130	-2.500

图 8-1 基础施工图

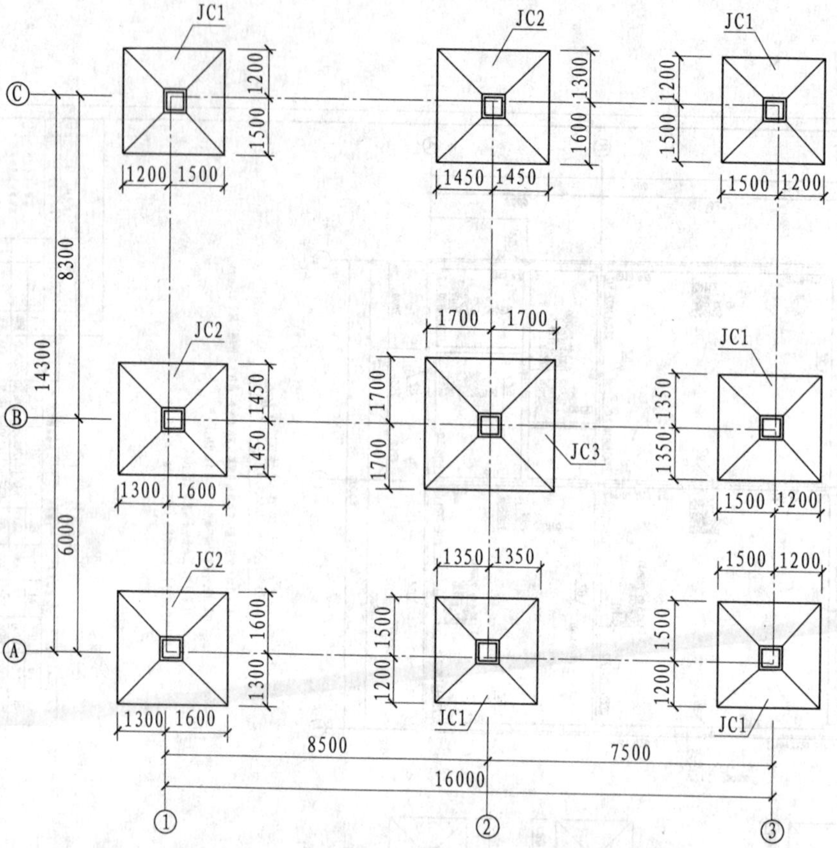

图 8-2　基础平面布置图

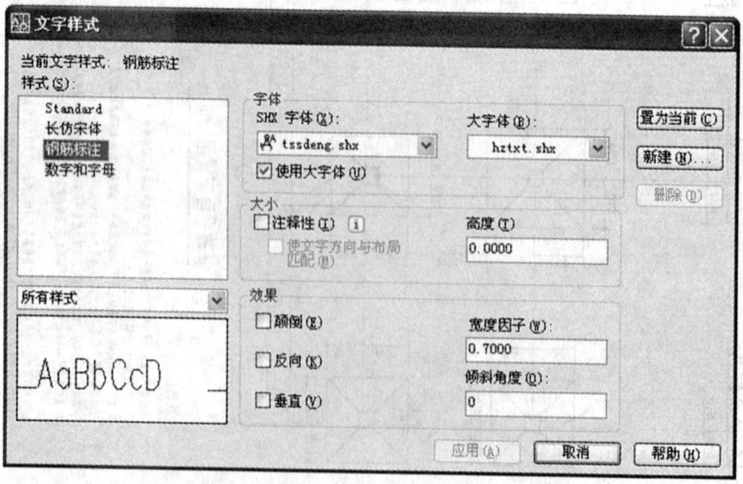

图 8-3　创建"钢筋标注"文字样式

(4)将图层切换到"基础"图层,绘制 JC1、JC2、JC3 基础图形各 1 个,如图 8-5 所示。

①绘制如图 8-5 所示 JC1 的两个矩形。使用"矩形"命令绘制 500×500 矩形,再使用"偏移"命令绘制 600×600 矩形(偏移距离 50),结果如图 8-5 所示。

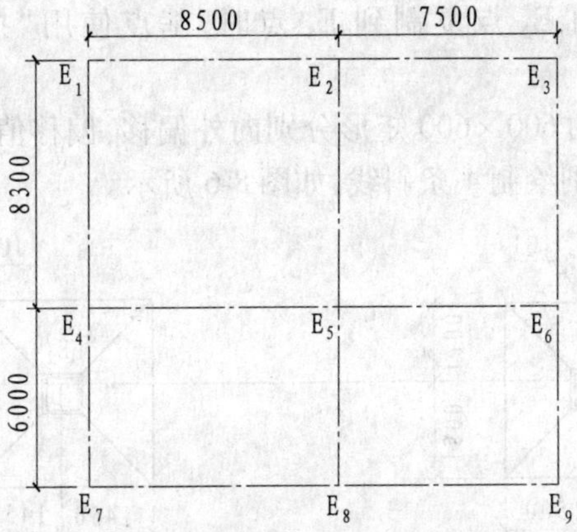

图 8-4　绘制基础平面轴线图

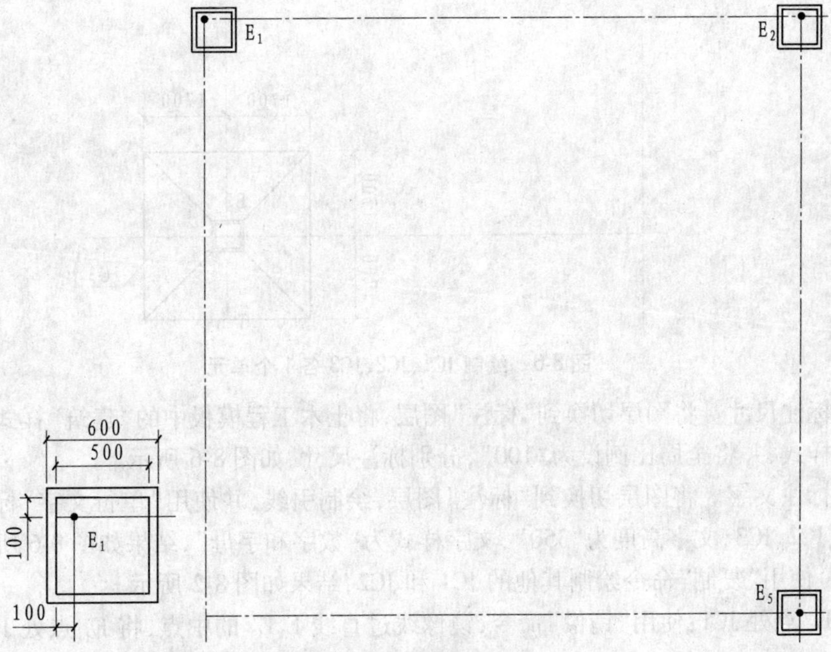

图 8-5　绘制并复制矩形单元

命令:Rectang

指定第一个角点或[倒角(C)/标高(E)/圆角(F)/厚度(T)/宽度(W)]:fro

基点:(选择 E_1 点)

<偏移>:@ -100,100

指定另一个角点或[面积(A)/尺寸(D)/旋转(R)]:D

指定矩形的长度<10.0000>:500

指定矩形的宽度<10.0000>:500

指定另一个角点或[面积(A)/尺寸(D)/旋转(R)]:↙

②将绘制好的两个矩形复制到 E_2 点、E_5 点,结果如图 8-5 所示。在复制过程中,要注意利用“捕捉自”来确定复制的基点:由 E_1 点复制到 E_2 点时,基点使用“捕捉自”E_1 点,

偏移值为“@150,0”;由 E_2 点复制到 E_5 点时,基点使用“捕捉自”E_2 点,偏移值为“@0,-150”。

③将 JC1、JC2、JC3 的 600×600 矩形分别向外偏移,偏移值分别为 2100、2300、2800,然后使用“直线”命令分别绘制 4 条斜线,如图 8-6 所示。

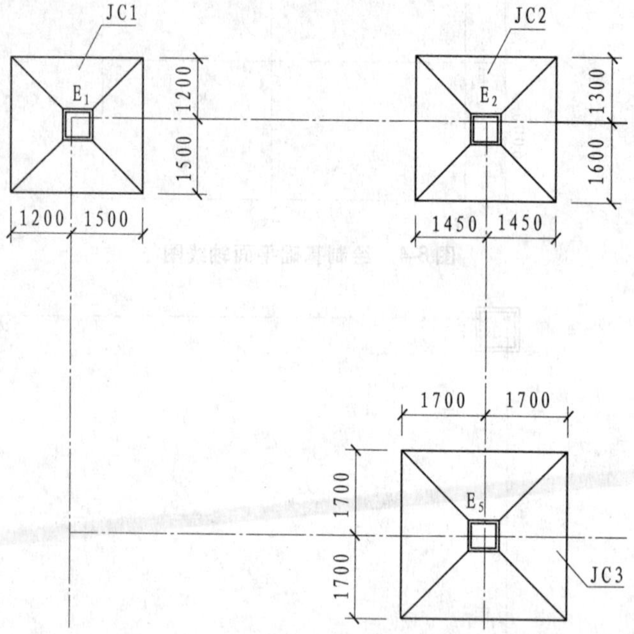

图 8-6 绘制 JC1、JC2、JC3 各 1 个单元

④标注尺寸。将图层切换到“标注”图层,将土木工程模板中的“建筑”样式设置为当前标注样式,并将全局比例设为“100”,分别标注尺寸,如图 8-6 所示。

⑤标注文字。将图层切换到“标注”图层,绘制引线,并使用“单行文字”标注图中文字 JC1、JC2、JC3,文字高度为“350”,文字样式为“数字和字母”,结果如图 8-6 所示。

(5)使用“复制”命令绘制其他的 JC1 和 JC2,结果如图 8-2 所示。

①E_3 点处 JC1:使用“镜像”命令,镜像线过直线 E_1E_3 的中点,将 E_1 点处 JC1 复制到 E_3 点。

②E_6 点处 JC1:使用“复制”命令,基点使用“捕捉自”E_3 点,偏移值为“@0,-150”,将 E_3 点处 JC1 复制到 E_6 点。使用“夹点”操作改变标注的起点,将竖直方向的“1200、1500”改为“1350、1350”。

③E_9 点处 JC1:使用“镜像”命令,镜像线过直线 E_3E_9 的中点,将 E_3 点处 JC1 复制到 E_9 点。

④E_8 点处 JC1:使用“复制”命令,基点使用“捕捉自”E_9 点,偏移值为“@-150,0”,将 E_9 点处 JC1 复制到 E_8 点。使用“夹点”操作改变标注的起点,将水平方向的“1200、1500”改为“1350、1350”。

⑤E_4 点处 JC2:使用“复制”命令,基点使用“捕捉自”E_2 点,偏移值为“@-150,-150”,将 E_2 点处 JC2 复制到 E_4 点。使用“夹点”操作改变标注的起点,将水平方向的

“1450、1450”改为“1300、1600”,将垂直方向的“1300、1600”改为“1450、1450”。

⑥E_7 点处 JC2:使用“复制”命令,基点使用“捕捉自”E_4 点,偏移值为“@0, -150”,将 E_4 点处 JC2 复制到 E_7 点。使用“夹点”操作改变标注的起点,将垂直方向的“1450、1450”改为“1600、1300”。

(6)确认“标注”图层为当前图层,标注基础平面布置图的两道尺寸、轴号,完成图形绘制。

(7)以“8.1 基础施工图.dwg”为文件名保存文件。

任务二:绘制基础梁布置及配筋图

绘制如图 8-7 所示的基础梁布置及配筋图。

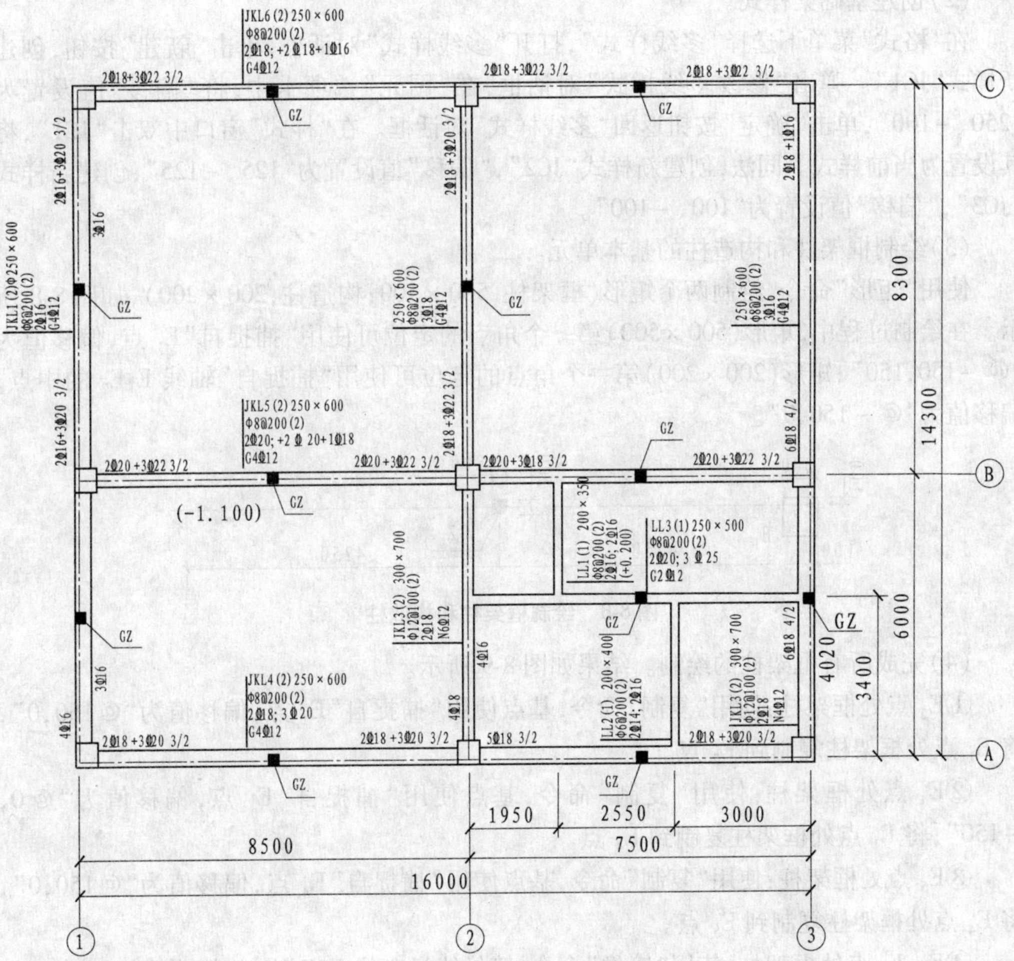

图 8-7　基础梁布置及配筋图

1. 思路分析

如图 8-7 所示的基础梁布置及配筋图,主要由基础梁(图中双线表示)、框架柱(500 ×

500)、构造柱(200×200)3 种元素构成。可先绘制框架柱和构造柱的基本单元 1 个;通过“镜像”、“复制”等命令来完成其余框架柱的绘制;使用“多线”命令绘制基础梁,通过“复制”命令完成其余构造柱的绘制;图中的文字标注大部分相同,可先标注一组,其余的文字可使用“复制”命令复制到相应位置,再使用“文字编辑”命令修改文字内容。

在图形复制过程中,基点的选择可灵活应用“捕捉自”来确定。

2. 操作步骤

(1)打开前面绘制好的“8.1 基础施工图. dwg”。锁定除“轴线”外的所有图层,将轴线水平复制到“基础平面布置图”右侧后,解锁所有图层,供下面绘制基础梁布置及配筋图使用。轴线各端点的标识同图 8-4(E_1,E_2,…,E_9)。

(2)创建基础梁样式。

在“格式”菜单下选择“多线样式”,打开“多线样式”对话框,单击“新建”按钮,创建新样式“JC1”。弹出“修改多线样式”对话框,在“图元”选项卡中,将“偏移”值设置为“250、-100”,单击“确定”按钮返回“多线样式”对话框。在“样式”窗口中双击“JC1”,将其设置为当前样式。同法,创建新样式“JC2”,“偏移”值设置为“125、-125”;创建新样式“JC3”,“偏移”值设置为“100、-100”。

(3)绘制框架柱和构造柱的基本单元。

使用“矩形”命令,绘制两个矩形(框架柱,500×500;构造柱,200×200),如图 8-8 所示。在绘制过程中,矩形(500×500)第一个角点的定位可使用“捕捉自”E_1 点,偏移值为“@ -150,150”;矩形(200×200)第一个角点的定位可使用“捕捉自”轴线 E_1E_2 的中点,偏移值为“@ -150,0”。

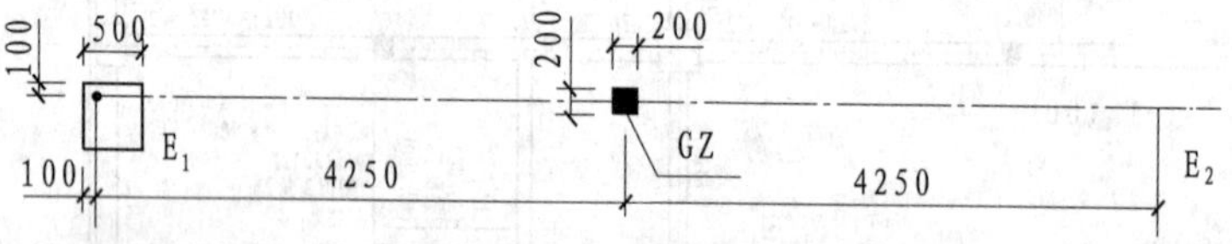

图 8-8　绘制框架柱和构造柱

(4)完成所有框架柱的绘制。结果如图 8-9 所示。

①E_2 点处框架柱:使用“复制”命令,基点使用“捕捉自”E_1 点,偏移值为“@150,0”,将 E_1 点处框架柱复制到 E_2 点。

②E_4 点处框架柱:使用“复制”命令,基点使用“捕捉自”E_1 点,偏移值为“@0,-150”,将 E_1 点处框架柱复制到 E_4 点。

③E_5 点处框架柱:使用“复制”命令,基点使用“捕捉自”E_4 点,偏移值为“@150,0”,将 E_4 点处框架柱复制到 E_5 点。

④E_3、E_6 点处框架柱:使用“镜像”命令,镜像线过直线 E_1E_3 的中点,将 E_1、E_4 点处框架柱复制到 E_3、E_6 点。

⑤E_7、E_8、E_9 点处框架柱:使用“镜像”命令,镜像线过直线 E_1E_7 的中点,将 E_1、E_2、E_3 点处框架柱复制到 E_7、E_8、E_9 点。

(5)绘制基础梁。

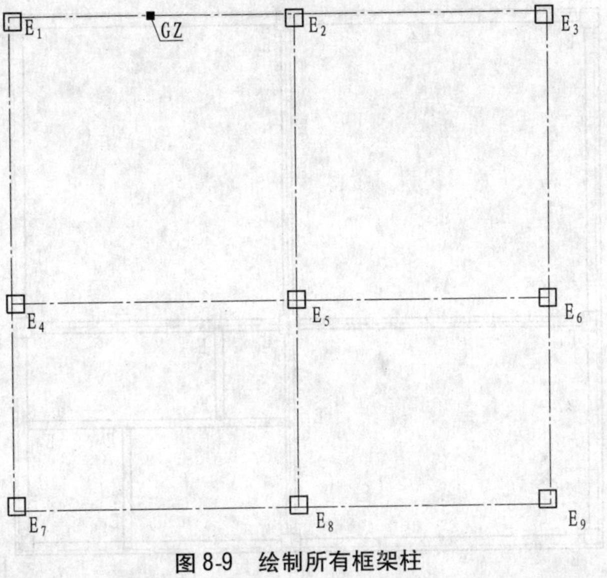

图 8-9　绘制所有框架柱

①绘制外围基础梁 JC1(350)。使用“多线”命令,确定 JC1 为当前多线样式,并设置如下。

命令:Mline

当前设置:对正 = 上,比例 = 20.00,样式 = JC1

指定起点或[对正(J)/比例(S)/样式(ST)]:S

输入多线比例 <20.00 >:1

当前设置:对正 = 上,比例 = 1.00,样式 = JC1

指定起点或[对正(J)/比例(S)/样式(ST)]:J

输入对正类型[上(T)/无(Z)/下(B)] < 上 >:Z

当前设置:对正 = 无,比例 = 1.00,样式 = JC1

指定起点或[对正(J)/比例(S)/样式(ST)]:

指定下一点:

从 E_7 点开始,分别选择框架柱和轴线的交点,逆时针方向(如按顺时针方向绘制,则要重新设置多线样式的偏移值为“100, -250”)绘制外围基础梁,结果如图 8-10 所示。

②绘制内部基础梁 JC2(250)。使用“多线”命令,确定 JC2 为当前多线样式,并设置对正类型为“无(Z)”。分别选择框架柱和轴线的交点,绘制内部基础梁;$E_{10}E_{11}$ 段基础梁绘制时,起点使用“捕捉自”E_5 点,偏移值为“@0, -2600”。结果如图 8-10 所示。

③绘制内部基础梁 JC3(200)。使用“多线”命令,确定 JC3 为当前多线样式,对正类型为“无(Z)”。

绘制 $E_{12}E_{13}$ 段基础梁:起点使用“捕捉自”E_5 点,偏移值为“@1950,0”;

绘制 $E_{14}E_{15}$ 段基础梁:起点使用“捕捉自”E_9 点,偏移值为“@ -3000,0”。

结果如图 8-10 所示。

④修改多线。使用“多线编辑(Mledit)”命令中的“T 形打开”工具,完成图中多线的修改,如图 8-11 所示。

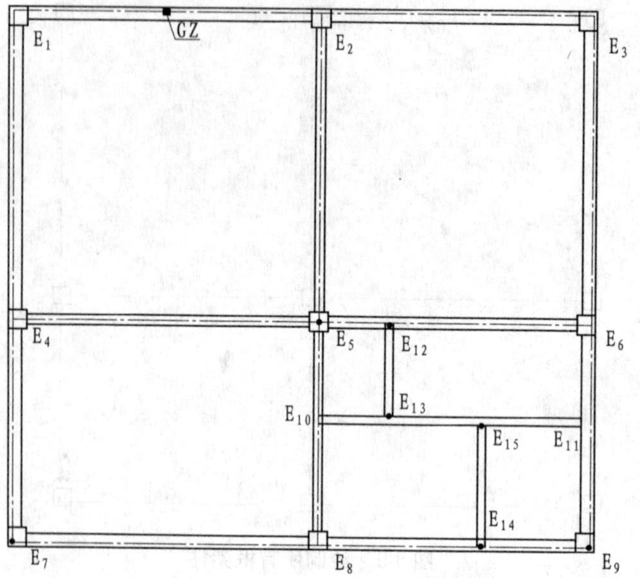

图 8-10 绘制双线基础梁

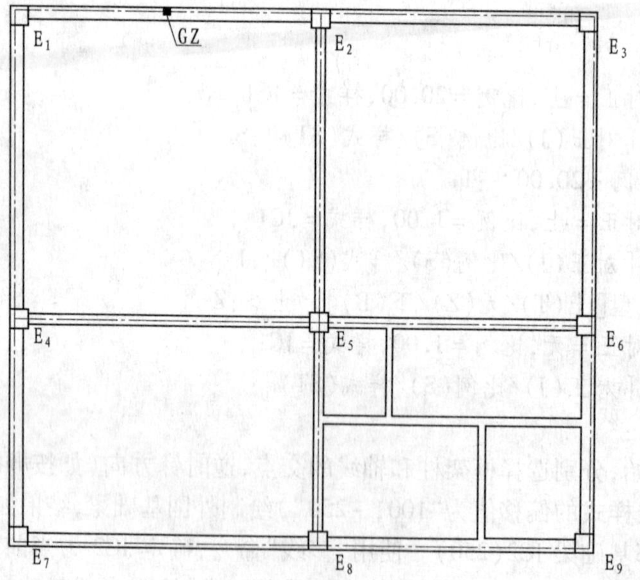

图 8-11 修改多线

(6)完成所有构造柱的绘制。

使用“复制”、“镜像”等命令将步骤(3)已经绘制好的构造柱复制到图 8-12 所示位置。

(7)标注尺寸。

使用“线性”标注等工具完成尺寸的标注,轴号和部分尺寸可从“基础平面布置图”中复制,结果如图 8-13 所示。

(8)标注文字。

①将“钢筋标注”设置为当前文字样式,从左上角 E1 点的框架柱附近开始标注。文字

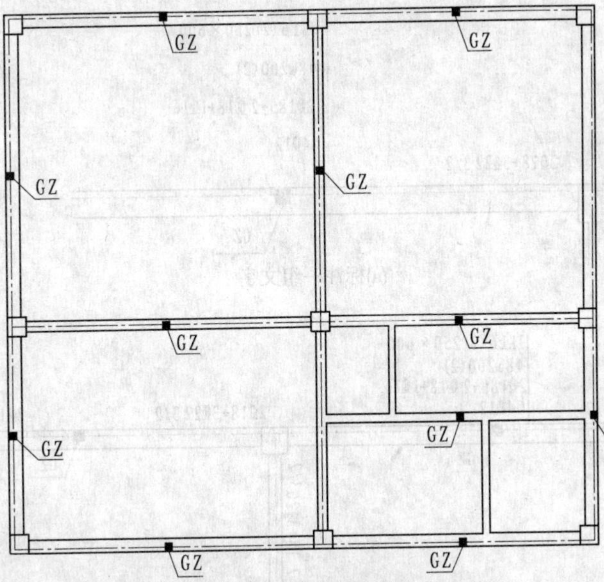

图 8-12　绘制构造柱

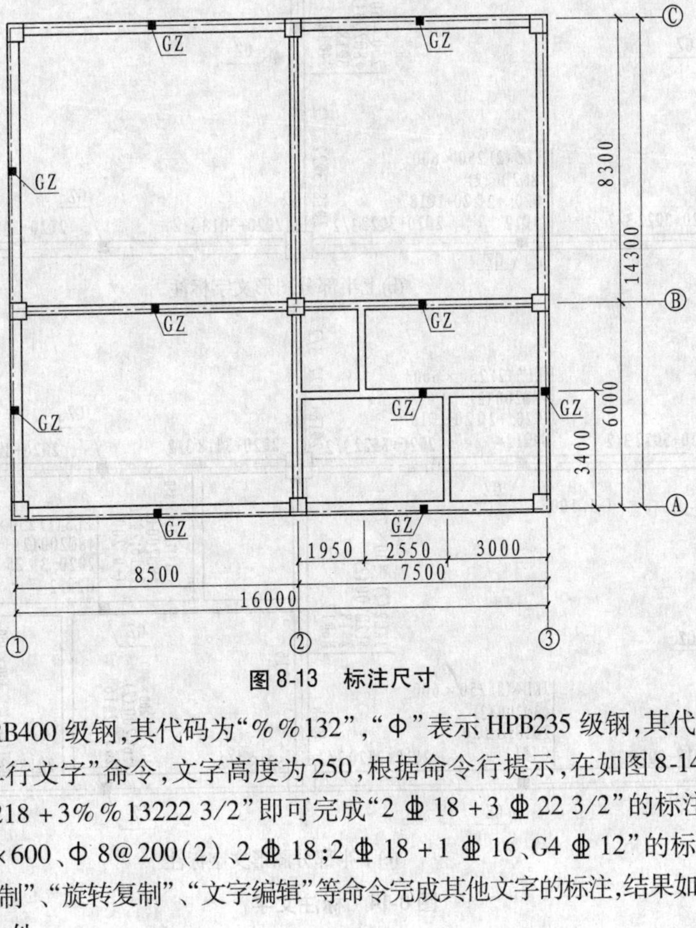

图 8-13　标注尺寸

中“Ф”表示 HRB400 级钢，其代码为“%%132”，“φ”表示 HPB235 级钢，其代码为“%%c”。

②启动“单行文字”命令，文字高度为 250，根据命令行提示，在如图 8-14(a)所示位置输入“2%%13218 +3%%13222 3/2”即可完成“2 Ф 18 +3 Ф 22 3/2”的标注。同法，完成“JKL6(2)250 ×600、φ 8@200(2)、2 Ф 18；2 Ф 18 +1 Ф 16、G4 Ф 12”的标注。

③使用“复制”、“旋转复制”、“文字编辑”等命令完成其他文字的标注，结果如图 8-14 所示。

(9)保存文件。

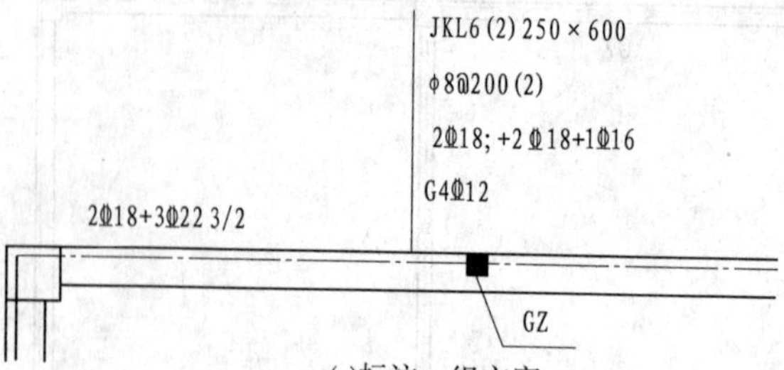

(a)标注一组文字

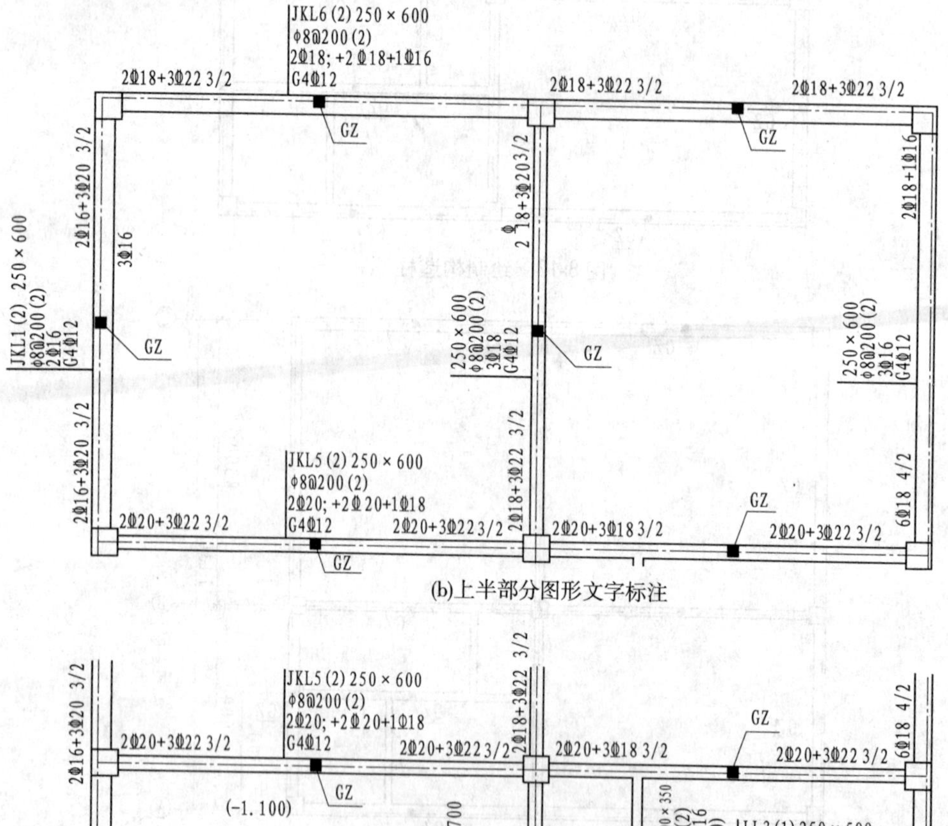

(b)上半部分图形文字标注

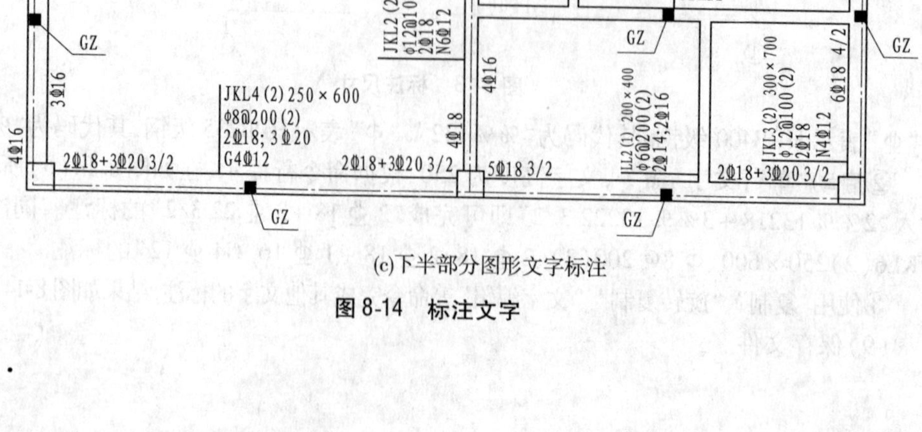

(c)下半部分图形文字标注

图 8-14 标注文字

任务三:插入图框并绘制表格及文字

1. 思路分析

图 8-1 中,A2 图框可使用块插入或“设计中心”从素材库中调入;文字的标注可通过“多行文字”或“单行文字”来完成,柱下独立基础一览表可使用“表格”来完成。

2. 操作步骤

(1)打开前面绘制好的“8.1 基础施工图. dwg”,将图层切换到“0”层,从素材库中插入 A2 图框(594 × 420),并将该图框放大 100 倍。调整任务一和任务二绘制好的基础平面布置图、基础梁布置及配筋图在图框内的位置,如图 8-1 所示。

(2)将图层切换到“标注”图层。

(3)标注文字。使用“多行文字”或“单行文字”命令,完成图中文字内容,如图 8-15 (a)、(b)所示。

其中,图形下方标题高度为 800;文字说明标题高度为 600,正文高度为 400。

基础设计说明

1. 根据××省××设计院提供的《××公司××建设项目岩土工程勘察报告》(工程编号:007.0907)进行设计。
2. 本工程 ±0.000 相当于黄海高程 200.500 m,基础设计等级为丙级,基础场地类别为Ⅱ类。
3. 基础持力层为第②层粉质黏土,地基承载力特征值为 f_{ak} = 160 kPa。若挖至设计标高仍未到达持力层,应继续下挖至持力层下 100 mm,用 C20 素混凝土垫至设计标高。
4. 基底需开挖至持力层下 300 mm,并整平夯实,基槽开挖后须经甲方、监理单位地质勘察人员验收合格后,方可进行下一步施工。
5. 基槽开挖过程中若发现地质情况与勘察报告不同,须及时与设计人员联系协商处理。
6. 混凝土强度等级:基础 C30,垫层 C15,钢筋 Φ – HPB235 级钢,Φ – HRB335 级钢,Φ – HRB400 级钢。
7. 混凝土保护层厚度:基础底板 40 mm,柱 35 mm,基础梁 35 mm。
8. 承台侧面、室内回填土、场地回填土应分层夯实,压实系数≥0.94。
9. 地下水对混凝土和钢结构有腐蚀性,±0.000 以下构件应符合现行国家标准《工业建筑防腐蚀设计规范》GB 50046—95 和《建筑防腐蚀工程施工及验收规范》GB 50212 中的有关规定,采取相应防护措施。
10. 基础设计说明未尽之处,需满足《建筑地基基础工程施工质量验收规范》GB 50202—2002。

(a)基础设计说明

基础梁布置及配筋图　1:100

1. 未注明的箍筋的直径及肢数同主梁箍筋直径及肢数,根数为每侧 3 根,间距为 50 mm;
2. 未注明梁中心线与轴线重合或梁边线与柱边平齐;
3. 本层梁、板混凝土强度等级均为 C25;
4. 本层未注明的梁面标高均为 -0.200。

(b)基础梁布置及配筋图说明

图 8-15　基础施工图文字说明

(4)绘制柱下独立基础一览表。

①点击“绘图”工具栏上的按钮,打开“插入表格”对话框。

②表格参数设置:列数为10,列宽为1500;数据行数为10,行高为1行;所有单元样式均设置为“数据”;文字高度为350,字体为“数字和字母”。

③插入表格,并修改表格的行高和列宽,合并部分单元格,结果如图8-16所示。

④输入文字。在相应的单元格中双击鼠标,则单元格进入文字编辑状态,在各单元格中依次输入文字,结果如图8-16所示。

表中,列标题的汉字为“长仿宋体”字体样式,表中数据为“钢筋标注”字体样式,表中数据编号①、②为“数字和字母”字体样式。字体样式的修改可以在文字输入完后,借助于“特性管理器”来完成。

(5)保存图形。绘图结果如图8-1所示。

基础编号	基础平面尺寸		基础高度		柱截面尺寸		基础底板配筋		基底标高
	b	L	h1	h	bc	hc	①	②	
JC1	2700	2700	300	700	500	500	φ12@130	φ12@130	-2.500
JC2	2900	2900	300	700	500	500	φ12@130	φ12@130	-2.500
JC3	3400	3400	300	700	500	500	φ12@130	φ12@130	-2.500

700×5=3500

1500×7=10500　　1900×3=5700

图8-16　柱下独立基础一览表

第三节　绘制水工建筑图

绘制如图8-17所示的涵洞式进水闸施工图。

任务一:绘制涵洞式进水闸纵剖视图

绘制如图8-18所示的水闸纵剖视图。

1.思路分析

如图8-18所示的水闸纵剖视图,先绘制轮廓线,后绘制素线和示坡线,高程的标注可通过创建图块属性并插入来完成,部分材料填充图案需要用户自己创建。

2.操作步骤

(1)打开土木建筑工程模板文件。将图层切换到“粗实线”图层。

(2)绘制水闸剖视图轮廓线。

启动“直线”命令,按图8-19所示尺寸绘制轮廓线。

(3)绘制水闸剖视图扭面素线。

将图8-20所示直线GH和直线JK六等分,并将等分点两两相连,完成扭面素线的绘制。

(4)绘制水闸剖视图示坡线。

按8-20所示尺寸绘制示坡线,可先绘制一长一短两条线,其余的线条可通过“复制”、“镜像”命令来完成。

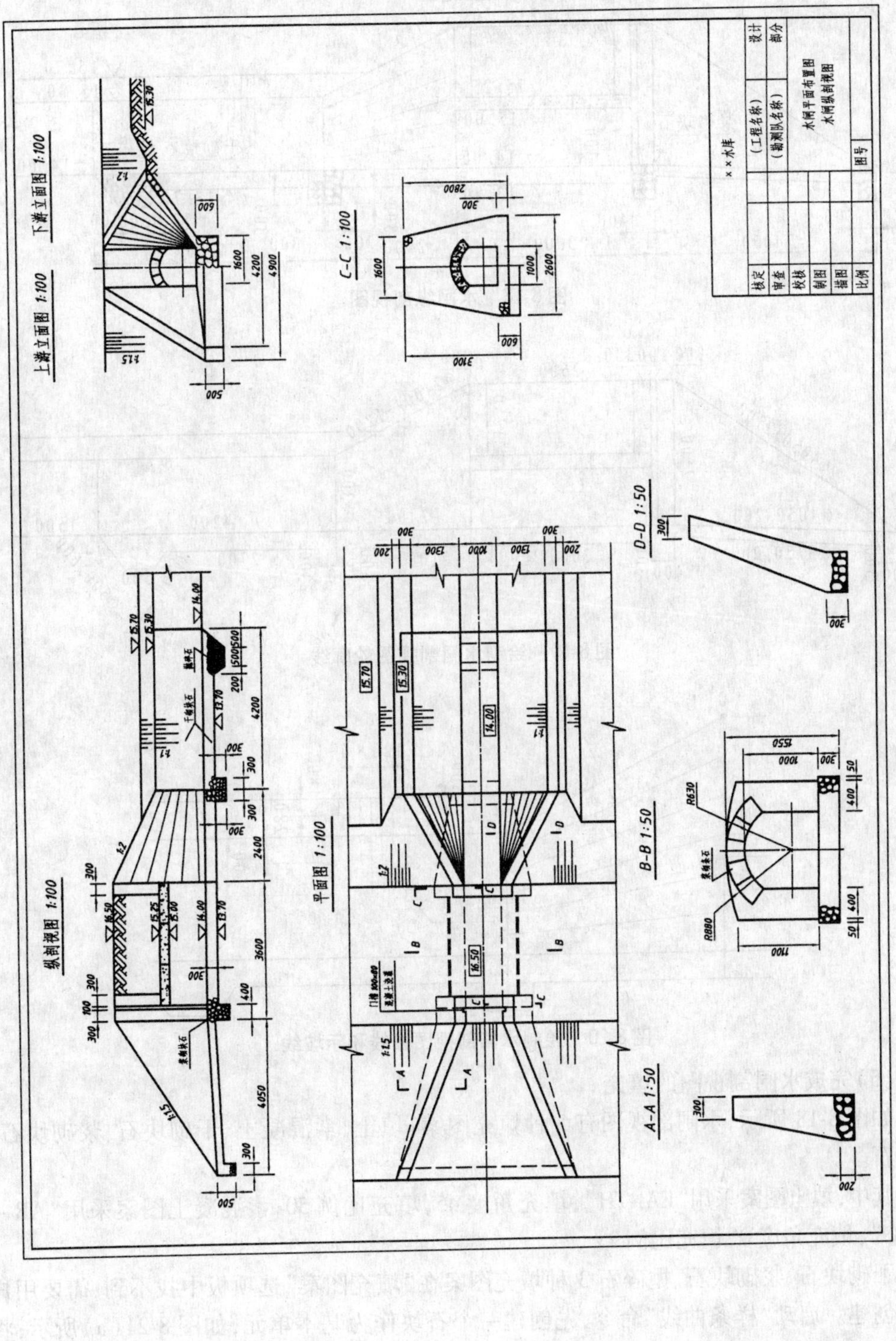

图 8-17　涵洞式进水闸施工图

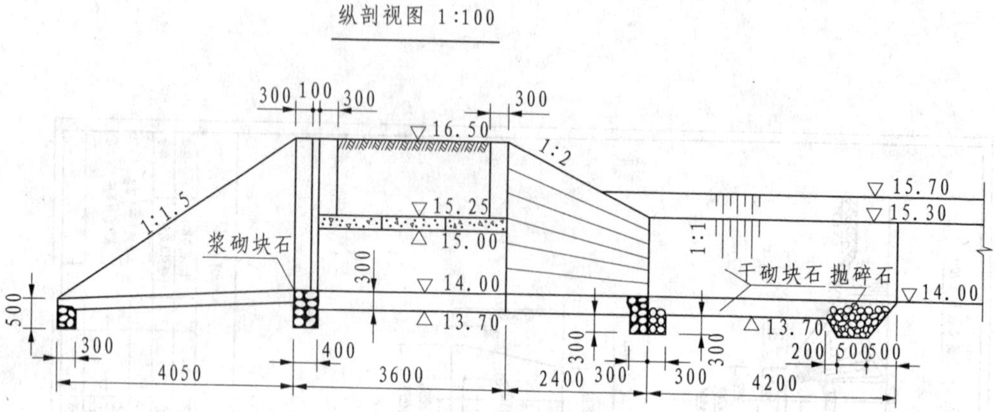

图 8-18　水闸纵剖视图

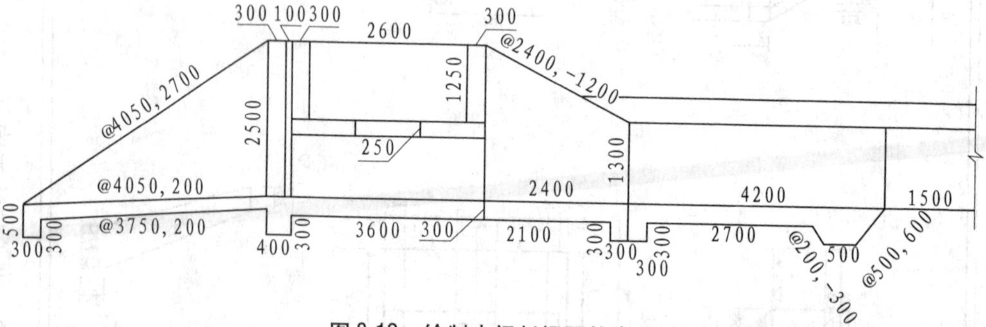

图 8-19　绘制水闸剖视图轮廓线

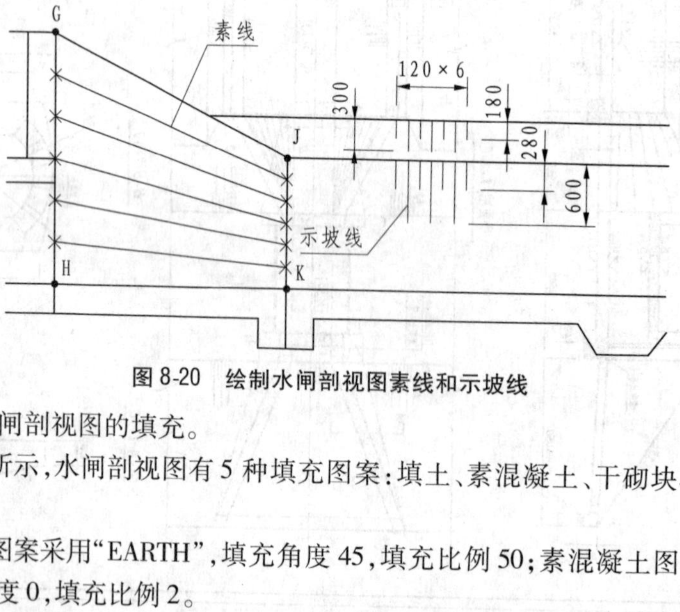

图 8-20　绘制水闸剖视图素线和示坡线

(5)完成水闸剖视图的填充。

如图 8-18 所示,水闸剖视图有 5 种填充图案:填土、素混凝土、干砌块石、浆砌块石、抛碎石。

其中,填土图案采用“EARTH”,填充角度 45,填充比例 50;素混凝土图案采用“AR - CONC”,填充角度 0,填充比例 2。

干砌块石、浆砌块石、抛碎石 3 种填充图案在“填充图案”选项板中找不到,需要用户自己创建。启动“样条曲线”命令,先创建一个石块作为基本单元,如图 8-21(a)所示;将该单元石块复制到其他地方，并通过“夹点编辑”调整石块的外形，完成干砌块石的填充，如图 8-21(b)所示；在干砌块石的基础上进行实体填充，得到浆砌块石的填充图案，如图 8-21(c)所示。将干砌块石复制到图中位置，并进行缩小、复制，完成抛碎石填充图案的创建，结果如图 8-18 所示。

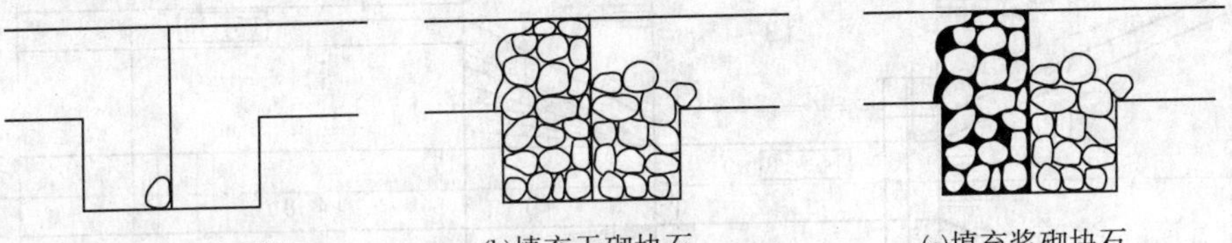

(a)绘制一个石块　(b)填充干砌块石　(c)填充浆砌块石

图 8-21　绘制块石填充图案

(6)完成水闸剖视图的标高标注和文字标注。

图中标高可通过图块进行插入，先定义属性，再通过“创建块”将标高图例和属性定义成图块，如图 8-22 所示；使用“插入块”将定义好的标高图块插入到指定位置，并输入新的标高值，结果如图 8-18 所示。

图中汉字均为“长仿宋体”样式，标题高度为 350，图中文字高度为 200。数字采用“数字和字母”样式，比例值高度为 350，坡度值高度为 250。

(7)尺寸标注。

创建“水闸”标注样式，参数设置同第六章任务一“涵洞”标注样式，全局比例设置为 70。确认“标注”图层为当前图层，标注尺寸如图 8-18 所示；部分小尺寸标注会出现箭头重叠现象，可通过“特性管理器”修改中间箭头的终端形式，如图 8-23 所示。

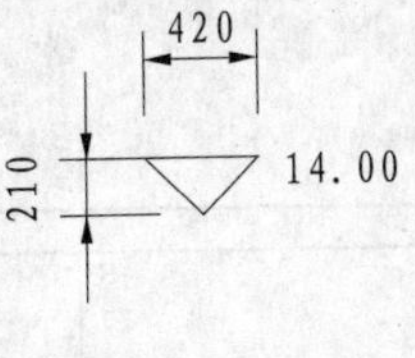

图 8-22　创建标高图块

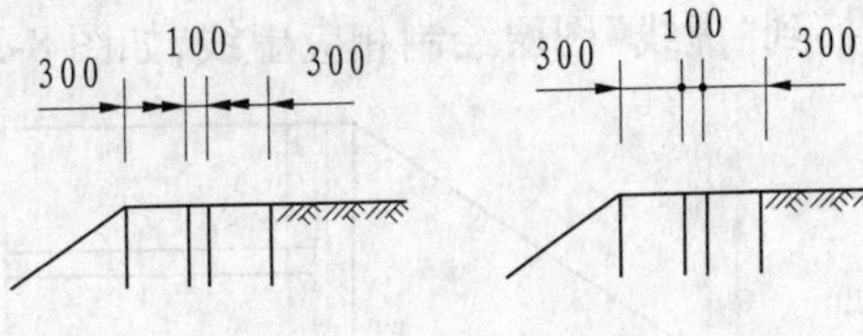

图 8-23　小尺寸标注的调整

(8)保存文件。

文件名为“8.2 涵洞式进水闸施工图. dwg”。

任务二：绘制水闸平面图

绘制如图 8-24 所示的水闸平面图。

1. 思路分析

如图 8-24 所示的水闸平面图，主体部分为上下对称结构，先绘制上半部分，然后镜像复制即可。上半部分的图形可先绘制图线，后绘制素线和示坡线，镜像复制后再标注标高、文字和剖切位置等。其中，图线的绘制可充分利用“长对正”的投影关系。

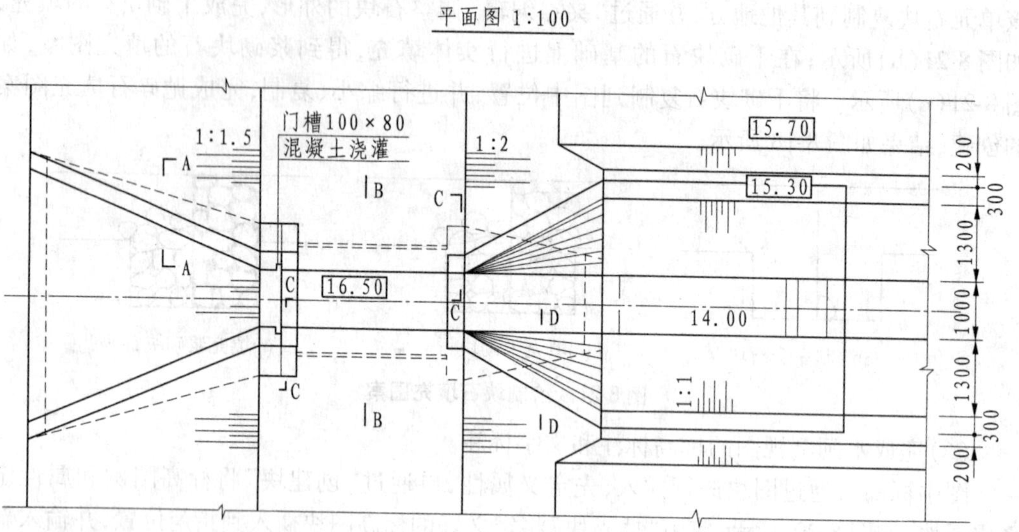

图 8-24　水闸平面图

2. 操作步骤

(1)打开本节任务一绘制好的“8.2 涵洞式进水闸施工图. dwg”。

(2)绘制水闸平面图上半部分轮廓线。

可通过纵剖视图上的各个端点绘制垂直构造线,将平面图和纵剖视图的各个部分进行“长对正”,结合图中标注的尺寸,将图层切换到“粗实线”图层绘制相应粗实线,再将图层切换到“虚线”图层绘制相应虚线,如图 8-25 所示。

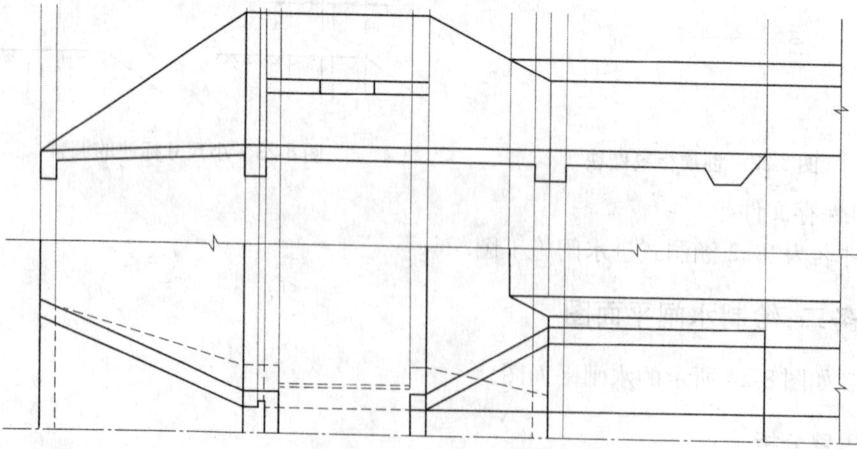

图 8-25　绘制水闸平面图上半部分轮廓线

(3)绘制水闸平面图扭面素线。

同本节任务一方法,先等分再连线,完成扭面素线的绘制,如图 8-26 所示。

(4)绘制水闸平面图示坡线。

同本节任务一方法,完成示坡线的绘制,如图 8-26 所示。

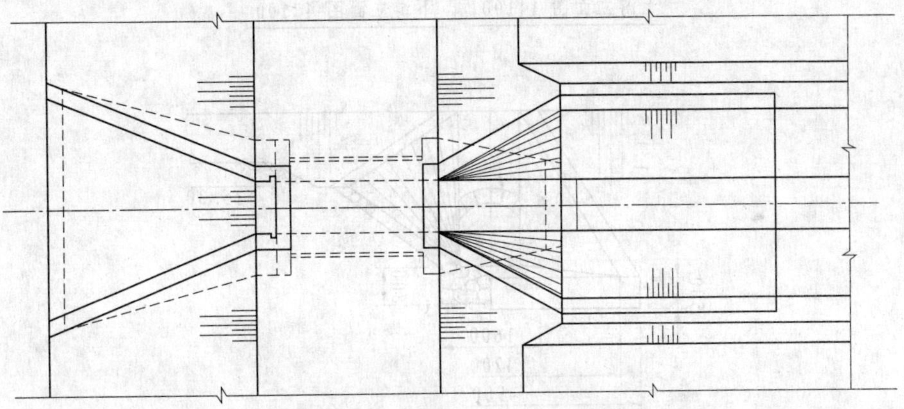

图 8-26　绘制素线及示坡线并镜像复制

(5)镜像复制。

使用“镜像”命令将绘制好的上半部分图形以轴线为镜像线进行复制,结果如图 8-26 所示。

(6)完成水闸平面图的标高标注和文字标注。

图中标高只有四个位置,可先绘制一个矩形(800×300),并在内部标注文字(高度 250)作为标高值,然后将此矩形和文字复制到其他位置,修改标高值即可。

图中汉字均为“长仿宋体”样式,标题高度为 350,图中文字高度为 200。数字采用“数字和字母”样式,比例值高度为 350,坡度值高度为 250。

(7)尺寸标注。

将“水闸”标注样式设置为当前标注样式,标注尺寸如图 8-24 所示;部分小尺寸标注会出现箭头重叠现象,可通过“特性管理器”修改中间箭头的终端形式。

(8)剖切位置标注。如图 8-24 所示。

(9)保存文件。

任务三:绘制水闸上下游立面图

绘制如图 8-27 所示的上下游立面图。

1. 思路分析

如图 8-27 所示的上下游立面图,可先绘制图线,后绘制素线和示坡线,再进行填充和标注。

2. 操作步骤

(1)打开本节任务一绘制好的“8.2 涵洞式进水闸施工图.dwg”。

(2)绘制图线。

上下游立面图的图线可根据图 8-28 所示尺寸进行绘制。

(3)绘制上下游立面图扭面素线。

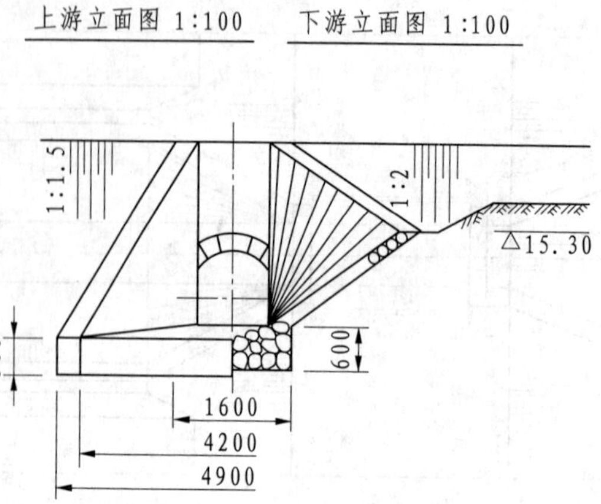

图 8-27 上下游立面图

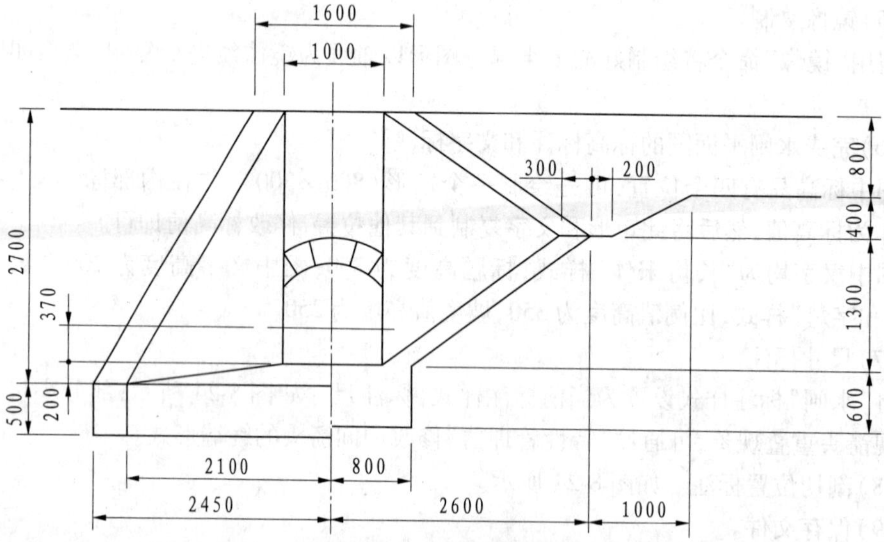

图 8-28 绘制上下游立面图图线参考尺寸

同本节任务一方法,先等分再连线,完成扭面素线的绘制,如图 8-27 所示。

(4)绘制上下游立面图示坡线。

同本节任务一方法,完成示坡线的绘制,如图 8-27 所示。

(5)完成上下游立面图标高标注和文字标注。

图中标高只有一个位置,将本节任务一创建的标高图块插入即可。

图中汉字均为"长仿宋体"样式,标题高度为 350。数字采用"数字和字母"样式,比例值高度为 350,坡度值高度为 250。

(6)尺寸标注。

将"水闸"标注样式设置为当前标注样式,标注尺寸如图 8-27 所示。其中,"4200、4900"两个尺寸仅显示一半的尺寸线和尺寸界线,可通过"特性管理器"进行修改,如图 8-29所示。

(7)保存文件。

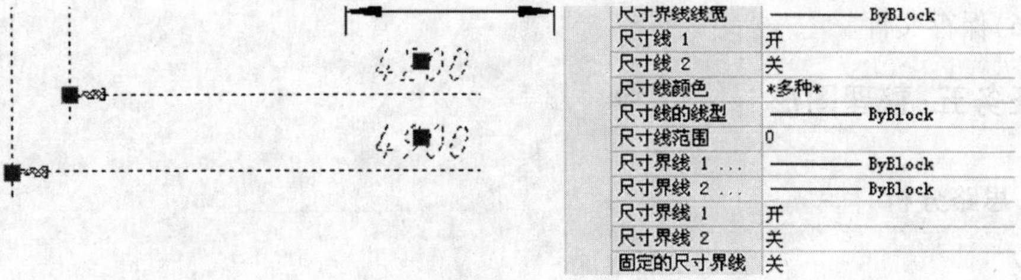

图 8-29 修改尺寸标注样式

任务四:绘制四个剖视图

绘制如图 8-30 所示的四个剖视图。

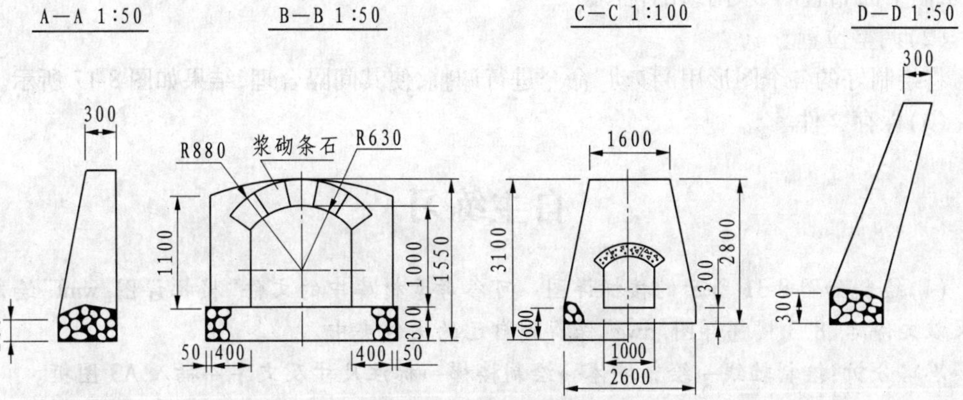

图 8-30 绘制水闸的四个剖视图

1. 思路分析

如图 8-30 所示的四个剖视图,可先绘制图线,再进行填充和标注。

2. 操作步骤

(1)打开本节任务一绘制好的“8.2 涵洞式进水闸施工图. dwg”。

(2)绘制图线。

根据图 8-30 所示尺寸完成四个剖视图的图线绘制。

(3)填充图案。

图案填充的方法同本节任务一。

(4)标注文字。

图中汉字均为“长仿宋体”样式,说明文字高度为 200。数字采用“数字和字母”样式,标题和比例值高度为 350。

(5)尺寸标注。

将“水闸”标注样式设置为当前标注样式,标注 C—C 剖视图;以“水闸”样式为基础样式,新建“水闸 50”标注样式,将“主单位”面板中的“测量单位比例因子”设置为 0.5,标注 A—A 剖视图、B—B 剖视图、D—D 剖视图,结果如图 8-30 所示。

(6)保存文件。

任务五:整理图形

1. 思路分析

略。

2. 操作步骤

(1)插入图框。

通过块插入的方法,将素材库中的 A3 图框插入,并放大 100 倍。将标题栏图名改为:水闸平面布置图、水闸纵剖视图。

(2)调整位置。

将绘制好的各个图形用“移动”命令进行调整,使其间隔合理,结果如图 8-17 所示。

(3)保存文件。

自主练习

(1)绘制如图 8-31 所示的楼梯详图。可参考素材库中的文件“楼梯详图. wmf”绘制,结果以文件名“8.3 楼梯详图. dwg”保存到自己的文件夹中。

思路分析:绘制轴线→绘制墙体→绘制楼梯→标注尺寸及文字→插入 A3 图框。

技能要点:建筑工程图绘制技巧,常用绘图命令和修改命令的综合应用。

(2)绘制如图 8-32 所示的房屋建筑图。可参考素材库中的文件“8.4 房屋建筑图. wmf”绘制,结果以文件名“8.4 房屋建筑图. dwg”保存到自己的文件夹中。

思路分析:绘制平面图→绘制立面图→插入 A3 图框。

技能要点:建筑工程图绘制技巧,常用绘图命令和修改命令的综合应用。

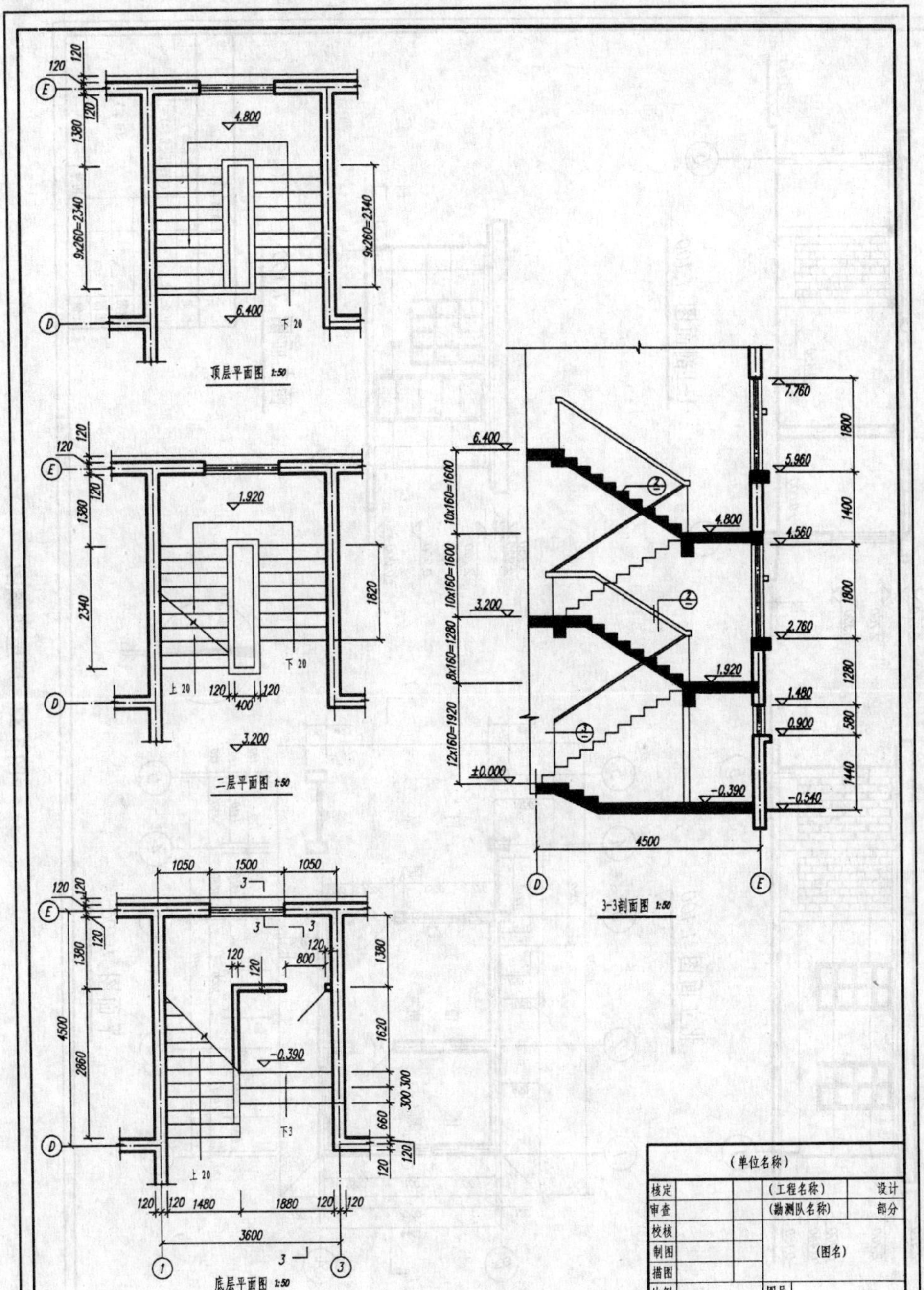
顶层平面图 1:50
二层平面图 1:50
底层平面图 1:50
3-3剖面图 1:50
4.800
6.400
下 20
1.920
3.200
上 20
−0.390
下3
±0.000
7.760
5.960
4.560
2.760
1.480
0.900
−0.540
10x160=1600
8x160=1280
12x160=1920
9x260=2340
4500
3600
1050
1500
(单位名称)
核定
审查
校核
制图
描图
比例
(工程名称)
(勘测队名称)
设计
部分
(图名)
图号

图 8-31 楼梯详图

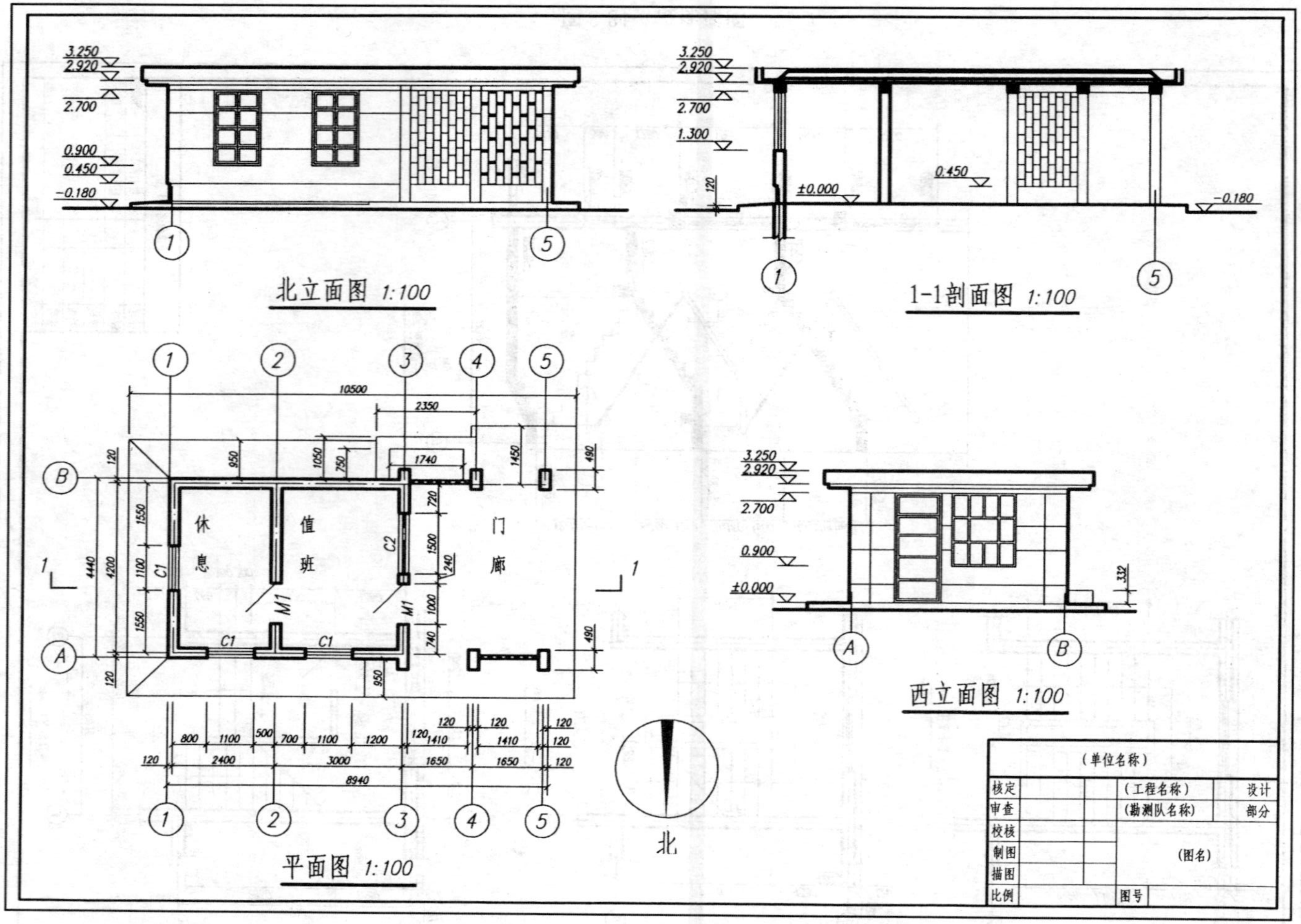
北立面图 1:100
1-1剖面图 1:100
平面图 1:100
西立面图 1:100
休息
值班
门廊
M1
C1
C2
北
3.250
2.920
2.700
1.300
0.900
0.450
±0.000
-0.180
10500
8940
(单位名称)
核定
审查
校核
制图
描图
比例
(工程名称)
(勘测队名称)
设计
部分
(图名)
图号

图 8-32　房屋建筑图

第九章　图纸的打印与输出

AutoCAD 中绘制的图形,一般都需要进行图形输出。因此,对文件要进行必要的页面参数设置与修改。打印的方式有模型空间、图纸空间两种,这里仅介绍实用中经常采用的模型空间打印的方法。

第一节　技能要点

(1)熟悉图纸打印的页面设置。

(2)掌握图纸打印比例的设置。

(3)掌握模型空间打印图形的方法。

(4)了解打印样式的设置技巧。

(5)熟悉 AutoCAD 图形输出的几种常用方法。

第二节　实训指导

任务一:模型空间打印输出

打印素材库中的"9.1 基础施工图. dwg"。

1. 思路分析

对当前已有图形进行模型空间页面设置,再打印图纸。

2. 操作步骤

(1)打开素材文件(也可打开用户自行绘制的如图 8-1 所示的基础施工图),其中已有图形如图 9-1 所示。

(2)打开页面设置管理器。

单击"标准"工具栏上的按钮,打开"打印 - 模型"对话框,如图 9-2 所示。

(3)选择打印机/绘图仪。

在"打印机/绘图仪"选项组中,单击"名称"下拉列表,此处选择可打印"A4"图纸的打印机,如图 9-2 所示。

(4)设置图纸尺寸。

在"图纸尺寸"下拉列表中选择"A4",如图 9-2 所示。

(5)设置打印区域。

在"打印区域"选项组中,单击"打印范围"下拉列表,选择"窗口"模式,则系统返回

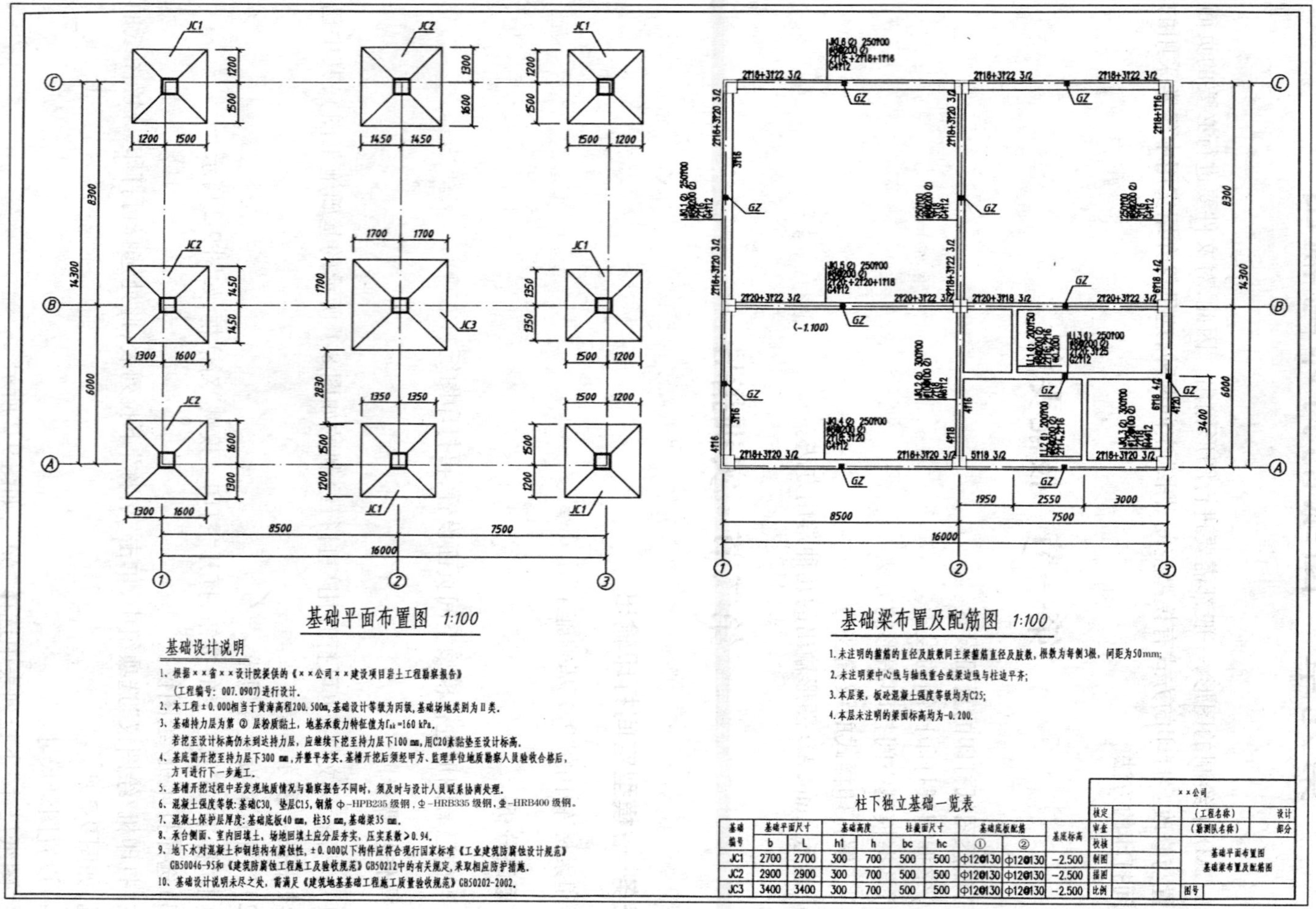
基础平面布置图 1:100
基础设计说明
1、根据××省××设计院提供的《××公司××建设项目岩土工程勘察报告》(工程编号: 007.0907)进行设计。
2、本工程±0.000相当于黄海高程200.500m,基础设计等级为丙级,基础场地类别为Ⅱ类。
3、基础持力层为第 ② 层粉质黏土,地基承载力特征值为fak=160 kPa。若挖至设计标高仍未到达持力层,应继续下挖至持力层下100 mm,用C20素砼垫至设计标高。
4、基底需开挖至持力层下300 mm,并整平夯实。基槽开挖后须经甲方、监理单位地质勘察人员验收合格后,方可进行下一步施工。
5、基槽开挖过程中若发现地质情况与勘察报告不同时,须及时与设计人员联系协商处理。
6、混凝土强度等级:基础C30,垫层C15,钢筋 Φ-HPB235 级钢,Φ-HRB335 级钢,Φ-HRB400 级钢。
7、混凝土保护层厚度:基础底板40 mm,柱35 mm,基础梁35 mm。
8、承台侧面、室内回填土、场地回填土应分层夯实,压实系数>0.94。
9、地下水对混凝土和钢结构有腐蚀性,±0.000以下构件应符合现行国家标准《工业建筑防腐蚀设计规范》GB50046-95和《建筑防腐蚀工程施工及验收规范》GB50212中的有关规定,采取相应防护措施。
10、基础设计说明未尽之处,需满足《建筑地基基础工程施工质量验收规范》GB50202-2002。
基础梁布置及配筋图 1:100
1.未注明的腰筋的直径及肢数同主梁箍筋直径及肢数,根数为每侧3根,间距为50mm;
2.未注明梁中心线与轴线重合或梁边线与柱边平齐;
3.本层梁,板砼混凝土强度等级均为C25;
4.本层未注明的梁面标高均为-0.200.
柱下独立基础一览表
基础编号 | 基础平面尺寸 b L | 基础高度 h1 h | 柱截面尺寸 bc hc | 基础底板配筋 ① ② | 基底标高
JC1 2700 2700 300 700 500 500 Φ12@130 Φ12@130 -2.500
JC2 2900 2900 300 700 500 500 Φ12@130 Φ12@130 -2.500
JC3 3400 3400 300 700 500 500 Φ12@130 Φ12@130 -2.500
××公司
核定 审查 校核 制图 描图 比例
(工程名称) (勘测队名称)
设计 部分
基础平面布置图
基础梁布置及配筋图
图号

图 9-1　基础施工图

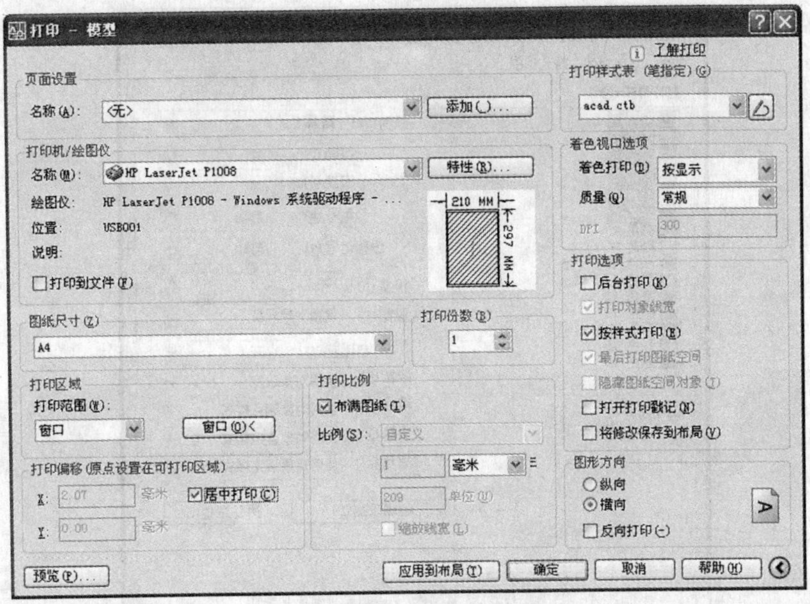

图 9-2 “打印 - 模型”对话框

绘图窗口,命令行提示指定打印窗口,分别指定“基础施工图”图框的左上角点和右下角点,系统返回“打印 - 模型”对话框,如图 9-2 所示。

(6)设置打印偏移为“居中打印”,如图 9-2 所示。

(7)设置打印比例。

在“打印比例”选项组中,选中“布满图纸”。“基础施工图”为 59400 × 42000 图幅,本次打印按 A4 图幅输出,即将图纸缩小 200 倍后打印。

(8)创建打印样式。

在“打印样式表”下拉列表中选择“acad. ctb”样式,并单击后面的按钮,打开“打印样式表编辑器”对话框,在“格式视图”中的“打印样式”窗口中单击“颜色 1”后按住 Shift 键,然后单击“颜色 7”,选中这 7 种颜色,然后在“特性”选项组中的“颜色”下拉列表中选择黑色,如图 9-3 所示。本次设置的主要目的是将所有颜色的图形、标注以黑色打印。线型、线宽的设置均使用对象线型和对象线宽。单击“保存并关闭”按钮返回“打印 - 模型”对话框。

(9)选择图形方向:横向。

(10)单击“打印 - 模型”对话框中的按钮 预览(P)...,则系统进入如图 9-4 所示的预览状态。

(11)预览效果合格后,可直接在预览状态下单击右键,在弹出的快捷菜单中选择“打印”。至此,打印结束。

任务二:将图形输出为 WMF 格式

打开素材库中的“9.2 房屋建筑施工图. dwg”,将其输出为 WMF 格式。

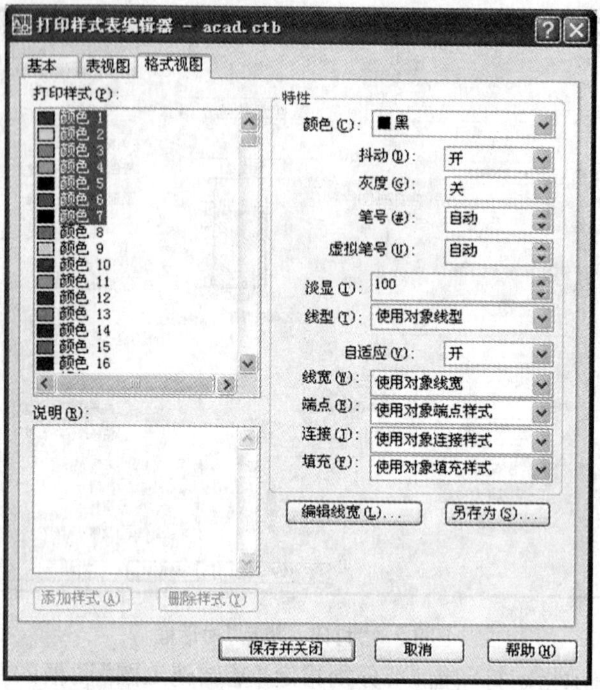

图 9-3 "打印样式表编辑器"对话框

1. 思路分析

启动 AutoCAD,打开指定图形并将其在绘图窗口中最大化,使用"文件"菜单中的"输出"选项,选择格式"WMF"将文件输出。输出后的文件可使用"Windows 图片和传真查看器"查看,且该图形可进行缩放查看,也可打印输出。

2. 技能要点

文件输出。

任务三:将 AutoCAD 图形插入到 Word 文档中

打开素材库中的"9.3 房屋建筑图. dwg",将北立面图复制到 Word 文档中。

1. 思路分析

启动 AutoCAD,打开指定图形并将北立面图在绘图窗口中最大化,按组合键 Ctrl + C 复制图形;启动 Word,在文档空白处按组合键 Ctrl + V 粘贴图形,使用"图片"工具栏上的"裁剪"工具对插入图形的空白区域进行裁剪;如需要编辑插入后的图形,可在该图形上双击即进入 AutoCAD 的编辑状态。

2. 技能要点

图形的复制、粘贴操作,AutoCAD 与 Word 软件的切换。

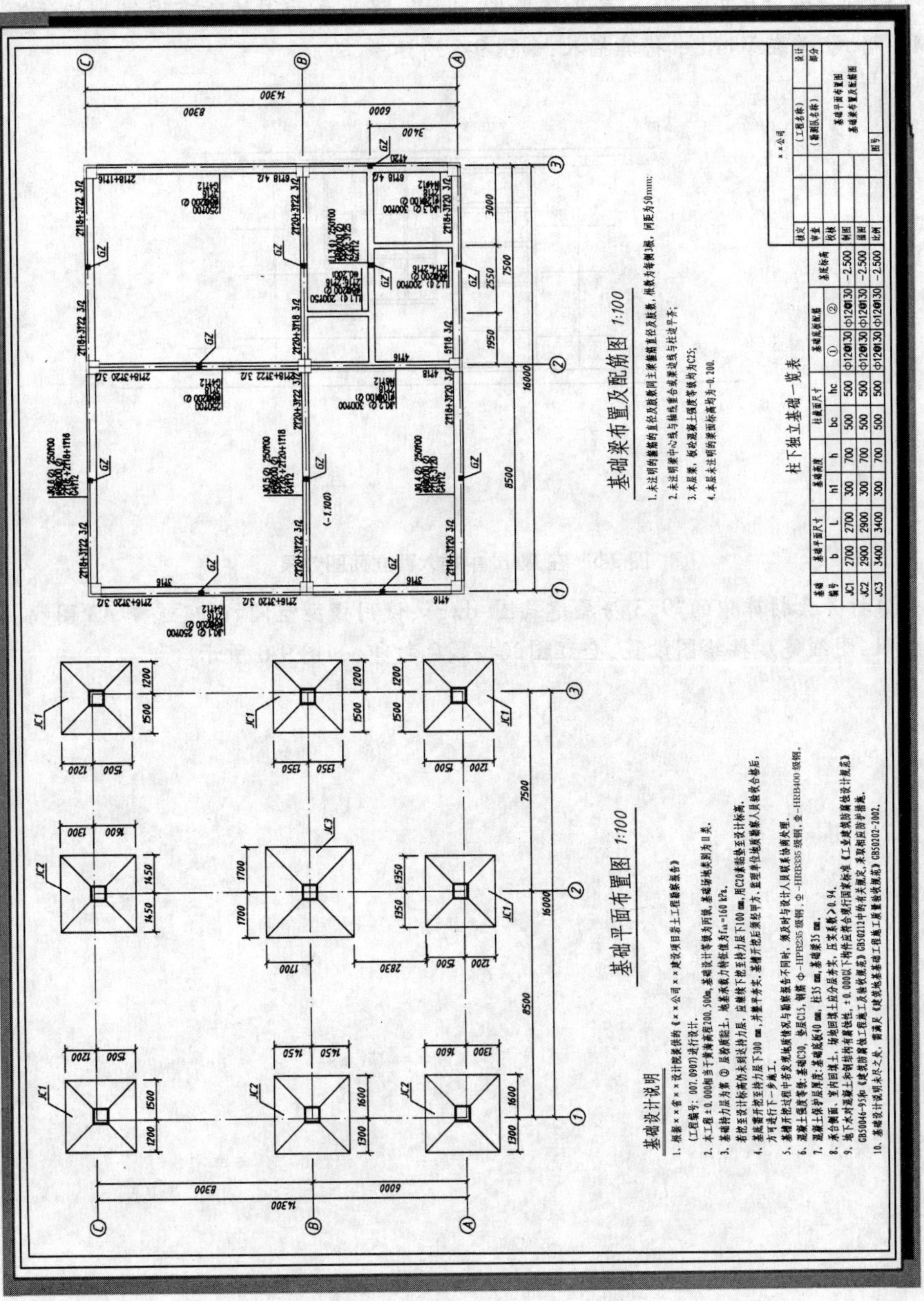
基础设计说明
基础平面布置图 1:100
基础梁布置及配筋图 1:100
柱下独立基础一览表
JC1 2700 2700 300 700 500 500 Φ12@130 Φ12@130 -2.500
JC2 2900 2900 300 700 500 500 Φ12@130 Φ12@130 -2.500
JC3 3400 3400 300 700 500 500 Φ12@130 Φ12@130 -2.500

图 9-4 预览打印效果

自主练习

(1)打开素材库中的“9.3 房屋建筑图.dwg”,将西立面图的所有图线和标注输出为“BMP”格式,并在 Word 中将其插入,如图 9-5 所示。

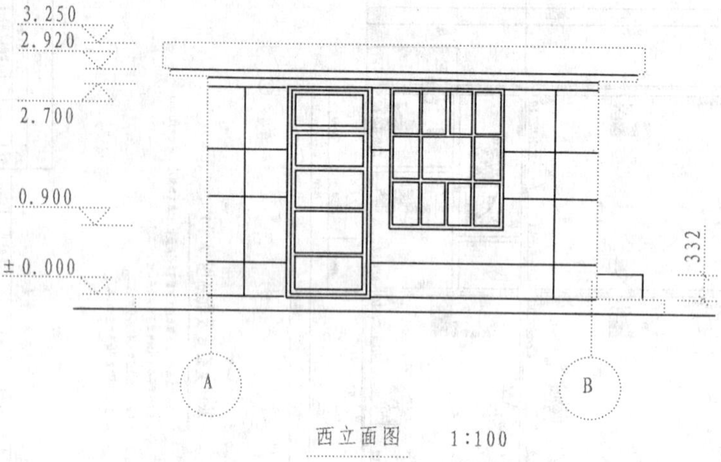

图 9-5 在 Word 中插入西立面图效果

(2)打开素材库中的“9.3 房屋建筑图.dwg”,使用模型空间打印,选择 A3 图幅,打印比例 1:1,图线宽度按绘图设置,全部图线按黑色打印,如图 9-6 所示。

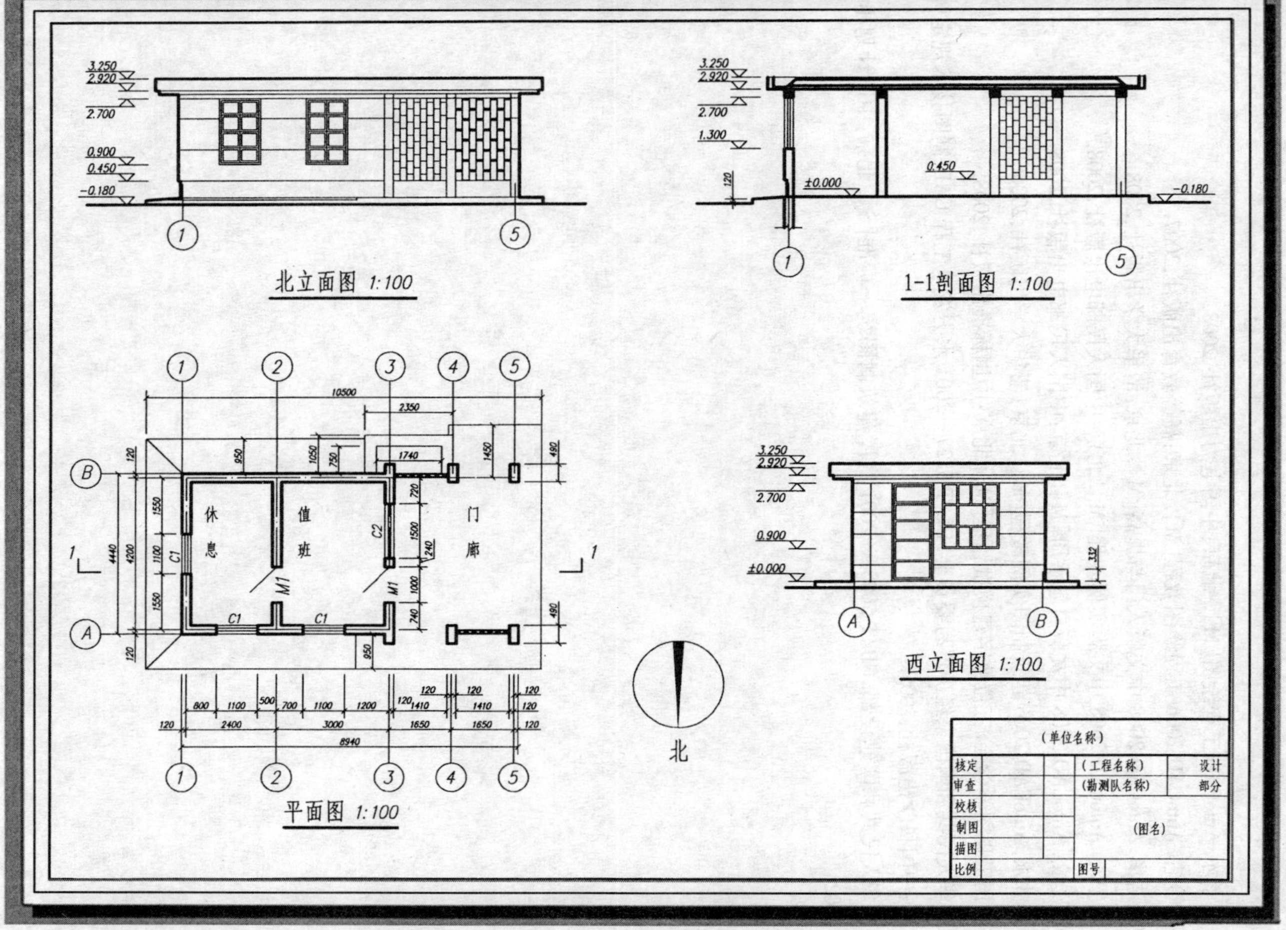

图 9-6　打印房屋建筑图预览

参 考 文 献

[1] 晏孝才. AutoCAD 工程绘图[M]. 北京:中国电力出版社,2008.

[2] 曾令宜. AutoCAD 2006 工程绘图教程[M]. 北京:高等教育出版社,2007.

[3] 张浩华. AutoCAD 2008 中文版入门与提高[M]. 北京:清华大学出版社,2008.

[4] 黄中友. AutoCAD 2008 中文版实例教程[M]. 北京:中国人民邮电出版社,2008.

[5] 曹爱文. AutoCAD 2008 中文版自学手册[M]. 北京:中国人民邮电出版社,2008.

[6] 李井永. AutoCAD 2006 建筑制图实例教程[M]. 北京:清华大学出版社,2006.

[7] 中国工程图学学会. 三位数字建模试题集[M]. 北京:中国标准出版社,2008.

[8] 中华人民共和国国家经济贸易委员会. DL/T 5127—2001 水力发电工程 CAD 制图技术规定[S]. 北京:中国科学出版社,2005.

[9] 中华人民共和国建设部. GB/T 50001—2001 房屋建筑制图统一标准[S]. 北京:中国计划出版社,2002.